基于生物特征的大豆溯源技术

阮长青　张东杰　著

哈尔滨工程大学出版社
Harbin Engineering University Press

内 容 简 介

本书较全面、系统地介绍了利用大豆生物特征进行品种和产地溯源的方法,主要内容包括大豆 DNA 指纹图谱构建与品种鉴别、大豆脂肪酸指纹图谱的构建、大豆异黄酮溯源数据库的构建、基于大豆脂肪酸和大豆异黄酮的产地鉴别、大豆产地在线判别系统的构建。

本书可供从事食品溯源领域的研究生、技术人员以及食品安全控制的管理者参考使用。

图书在版编目(CIP)数据

基于生物特征的大豆溯源技术/阮长青,张东杰著. —
哈尔滨:哈尔滨工程大学出版社,2021.10
　　ISBN 978 - 7 - 5661 - 3271 - 0

　　Ⅰ. ①基… Ⅱ. ①阮… ②张… Ⅲ. ①大豆 - 产地 -
鉴别 Ⅳ. ①S565.1

中国版本图书馆 CIP 数据核字(2021)第 201703 号

基于生物特征的大豆溯源技术
JIYU SHENGWU TEZHENG DE DADOU SUYUAN JISHU

选题策划　刘凯元
责任编辑　李　暖
封面设计　李海波

出版发行　哈尔滨工程大学出版社
社　　址　哈尔滨市南岗区南通大街 145 号
邮政编码　150001
发行电话　0451 - 82519328
传　　真　0451 - 82519699
经　　销　新华书店
印　　刷　北京中石油彩色印刷有限责任公司
开　　本　787 mm × 1 092 mm　1/16
印　　张　10
字　　数　201 千字
版　　次　2021 年 10 月第 1 版
印　　次　2021 年 10 月第 1 次印刷
定　　价　45.00 元
http://www.hrbeupress.com
E-mail:heupress@ hrbeu.edu.cn

前　　言

　　黑龙江省作为我国农业大省和重要商品粮基地,粮食产量连续 10 年位列全国第一,相继获得以大豆、大米为代表的系列国家地理标志保护产品。其中非转基因大豆因种植面积广、产量高、品质优良而闻名全国,近 5 年产量更是不断提升。2020 年,黑龙江省大豆播种面积 483.2 万公顷,产量达到 920.3 万吨。然而,黑龙江省品牌建设存在开发创新不足、鉴定技术水平低、管理及技术人才匮乏等弊端,尤其是利用大豆中的特征成分标记的大豆溯源技术,仍处于起步阶段。加之多次出现的以次充好、以陈充新等大豆造假事件,已严重影响了黑龙江省资源优势、品牌价值和其他名优农产品的声誉。

　　研究大豆鉴定相关技术,建立基于大豆特征成分的溯源数据库及判别系统对黑龙江省大豆安全控制体系和确证体系的发展具有重要的意义。大豆中蛋白质基因、脂肪酸、氨基酸和异黄酮等物质被认为是大豆产地、品种溯源等的有效特征成分。由于大豆等作物的性质和特征是由基因决定的,因此 DNA、脂肪酸和异黄酮这几种生物特征物在特定的食品或种质资源中具有唯一性和特异性,具有保真和稳定的鉴别特点,可广泛用于大豆等食品加工的原料真伪鉴定。针对黑龙江省主产区大豆进行生物特征物的提取、鉴定,并建立指纹图谱数据库和溯源标准,将促进黑龙江省大豆的品牌安全,以及大豆种植和加工行业的良性发展。

　　本书以黑龙江省主产区的大豆为研究对象,从产地、品种,开展以 DNA、脂肪酸及异黄酮单体为主要成分的定量分析,利用统计学和信息技术手段,建立 DNA 指纹图谱信息库,筛选脂肪酸和异黄酮有效溯源指标,构建数据库和判别模型,并建立基于脂肪酸和异黄酮的产地判别功能模块的大豆在线产地判别系统,以期为黑龙江省大豆品牌的保护技术做些有益的工作。本书主要内容包括大豆 DNA 指纹图谱构建与品种鉴别、大豆脂肪酸指纹图谱的构建、大豆异黄酮溯源数据库的构建、基于大豆脂肪酸和大豆异黄酮的产地鉴别、大豆产地在线判别系统的构建。

　　本书得到黑龙江省应用技术研究与开发计划重大项目"龙江大豆品牌安全与产品溯源支撑技术的研究"(GA18B102)、黑龙江农垦总局指导项目"基于 DNA 和营养指纹图谱的黑龙江省垦区大豆溯源技术研究"(HKKYZD190803)、黑龙江省农产品加工与质量安全重点实验室、大庆市食品加工质量与安全重点实验室的支持。全书共7章,第1章由黑龙江八一农垦大学张东杰撰写,第2~7章由黑龙江八一农垦大学阮长青撰写。

感谢参与研究工作的李志江老师、鹿保鑫老师、刘金明老师、马强老师,以及硕士研究生牛江帅、刘雪娇、刘文静同学。

鉴于著者学术视野及研究能力有限,书中不妥、争议之处在所难免,恳请读者批评指正。

著　者

2021 年 8 月

目　　录

第1章 绪 论

1.1 农产品质量溯源概述

1.1.1 溯源的相关概念

追溯,又称为"可追溯性"(traceability),国际标准化组织(ISO)将其定义为追溯客体的历史、应用情况所处位置的能力。当考虑产品或服务时,可追溯性可涉及原材料和零部件的来源、加工的历史、产品或服务交付后的分布和所处的位置。可追溯性是组织运用各类方法和技术对产品进行追踪的能力。

追溯的目的包括四个方面:(1)在产品实现全过程中使用适宜的方法对产品进行标识,以便于识别产品;(2)针对监视和测量的要求标识产品,便于识别产品的状态;(3)对产品进行适当的标识,防止产品的误用和防止非预期使用不合格产品;(4)根据产品的标识可以在需要追溯的场合实现可追溯的目的。

可追溯性不是一项必需的要求,仅在需要时才需确定和使用。例如:为了在发现问题时可以迅速追回产品;为了查明问题的原因;合同、法律、法规有要求时。在需要时,ISO9000认证可追溯系统应要做到以下几点:(1)所有产品、半成品、原材料等都要贴上标签,标签上标明半成品还是成品,原材料采购自何处、采购批次、所属产品型号及名称等,用以区分,防止误用;(2)所有产品及零件都要贴上标识,标出待检还是已检,合格还是不合格,返工还是返修,所属产品型号及名称、生产批次、检验员工号等;(3)所有产品都应醒目划分产地区域,标明作业加工区、待检区、已检区、返工区、返修区等。

食品追溯,又名"食品可追溯性"(food traceability)。国际食品法典委员会(CAC)将其定义为追溯食品在生产、加工和流通过程中任何指定阶段的能力,《欧盟食品法》将其定义为在整个食物生产、加工和配送过程中溯源和追踪食品、饲料、食品动物、食品添加成分的能力。食品可追溯性包括"追踪"(tracking)和"溯源"

(tracing)两个方面。前者指在食品供应链的任何一点上追踪某一类产品的所在位置,即顺向追踪,主要用于食品召回;后者指在食品供应链的任何一点上追踪某一类产品的来源,即逆向回溯,主要用于发现问题食品的来源。食品溯源是指食品供应链的参与方广泛利用信息技术,实现信息共享,追踪食品供应链的全过程。食品溯源为了实现可追溯性系统,需要规定唯一性的标识方法并记录其历史。例如:乳制品厂通过对每批乳粉规定唯一的生产批号进行溯源,如发现质量问题,可以根据生产批号查处该批次奶粉生产的日期、车间及生产线。根据追溯的目标,食品溯源分为食品产地溯源、品种溯源和食品链溯源。

食品追溯体系是一种基于风险管理的安全保障体系。一旦危害健康的问题发生,可按照从原料上市至成品最终消费过程中各个环节所必须记载的信息,追踪食品流向,回收存在危害的、尚未被消费的食品,撤销其上市许可,切断源头,以消除危害并减少损失。

食品安全追溯系统是食品质量安全溯源体系的简称,最早是1997年欧盟为应对疯牛病问题而逐步建立并完善起来的食品安全管理制度。它是指在食品生产供销的各个环节(包括种植养殖、生产、流通、销售和餐饮服务等),食品质量安全及其相关信息能够被顺向追踪(生产源头→消费终端),或者逆向回溯(消费终端→生产源头),从而使食品的整个生产经营活动始终处于管理主体有效监控范围的制度系统之中。实施这一体系能够厘清职责、明晰管理主体和被管理主体的责任,并能有效处置不符合安全标准的食品,从而保证食品质量安全。食品安全追溯系统中的食品安全管理制度由政府进行推动,覆盖食品生产基地、食品加工企业、食品终端销售等整个产业链条的上游和下游,通过类似银行取款机系统的专用设备进行信息共享,服务于最终消费者。一旦食品质量在消费终端出现问题,就可以通过食品标签上的溯源码进行联网查询,查出该食品的生产企业、产地、具体农户等全部流通信息,明确事故方相应的法律责任。此项制度对食品安全与食品行业自我约束具有相当重要的意义。

综上所述,食品安全溯源系统是依托现代数据库管理技术、网络技术和条码技术,将整个食品链(包括生产、加工、包装、储运、流通和销售等)所有环节信息进行记录、采集和查询的系统,可以溯源查询食品源头和流向,当食品发生问题时,可以追溯查询每个环节,为食品的安全保障提供有效监管。

1.1.2 农产品溯源的意义

1. 利于品牌的建立

溯源技术的建立,有利于敦促农户加强自我规范、自我约束管理,规范农药使用剂量,努力提高农产品质量。稳定高质量的农产品有利于建立名特优农产品品牌,提高农产品的商业价值。建立品牌的同时,也能够提高农民收入,提高其种植积极性。

2. 利于杜绝市场上的假冒伪劣产品

由于不同产地的特色农产品市场认可度不同,销售的价格和消费者接受程度会有较大差异。一些不良商家为追求效益,假冒产品品牌,以次充好,这会给市场和品牌都带来负面的影响。溯源技术能有效防止假冒产品泛滥的现象,维护良好的市场秩序。

3. 利于有关部门有效监管

溯源技术的建立,有利于有关部门实时监控农产品"从土地到餐桌"各个环节的情况,也有利于相关部门开展打假行动。当出现食品安全突发事件时,有关部门也能快速准确地定位其来源,快速做出反应,快速召回,有效控制病源食品扩散。

4. 维护消费者的合法权益

在现代商业模式下,生产者和消费者空间上无法做到面对面沟通。溯源平台的建立有利于消费者全面知悉产品的产地、生产者、等级、生产时间等有效信息,维护消费者的知悉真情权。同时,溯源制度的建立也有利于增强消费者对产品的信任。

5. 适应国际贸易与出口

近年来,发达国家相继实施食品追溯制度,出口这些发达国家的食品必须符合食品可追溯管理,否则就会遭受贸易壁垒。我国建立可追溯制度,与国际接轨,能有效防止贸易壁垒。我国加入世界贸易组织(WTO)以来,与多个国家达成双边协议,创造了较多出口机会,可追溯制度的建立更有利于促进我国产品进入国际市场,促进出口。食品追溯制度已经成为食品国际贸易的新要点之一。

1.1.3 发展历史及现状

从食品溯源发展角度来看,国外食品溯源经历了三次重要变革。第一次重要变革从1997年欧洲爆发疯牛病开始,欧盟意识到食品安全溯源的重要性,率先对溯源体系进行研究,开始创建溯源数据库,将所有与牛肉供应链相关的信息记录在案,以防出现无法回溯的问题,并在2002年提出食品可溯源性的概念。进入21世纪之后,日本以健全的法律法规为基础,成立食品品质监控机构,同年日本农业协会牵头推出用于保障农产品品质以及消费者、农业从业者权益的"全农放心系统"。第二次重要变革为射频识别技术(RFID)、近场通信(NFC)和二维码(QR)识别技术的应用与发展。通过RFID读取设备可读取嵌在物品标签内射频贴的数据,在溯源系统中被广泛应用,可将国际物品编码组织(GS1)编码、生产日期等重要信息记录其中。21世纪初,美国将食品安全溯源上升至国家战略,两年后由其农业部和密苏里州农业厅推出全国动物识别系统(NAIS),用于实现对动物疫情的追踪;同样作为畜牧业大国的澳大利亚也构建了国家牲畜认证系统(NLIS),澳大利亚通过RFID技术和电子追踪系统,给每一头牛打上唯一的"身份证",实现对饲养全方位的数据采集,数据追溯可直至其出生;而印度则用轻量级且易于使用的网络框架(grape net)建设了溯源平台,确保其出口葡萄的安全性和品质度。第三次重要变革为区块链在溯源系统中的应用。通过分布式账本、非对称加密算法、时间戳、共识机制等技术,建立完整的溯源体系,推动传统溯源体系的变革。虽然食品安全溯源体系在中国起步比较晚,但也在不断进步。

我国食品质量溯源的发展大致经历了以下三个阶段:

(1)萌芽起步阶段(2007—2011年)。食品安全溯源的研究主要聚焦于溯源系统的启动及解析,相关概念的引入和界定;主要表现为溯源系统的解析、现状、标准、电子标签的设计、读写器的设计、应用及发展等。

(2)快速发展阶段(2012—2016年)。逐步从初期的理论引入与界定过渡到系统建构、现实摸索和初步实践应用阶段,主要聚焦于溯源系统的设计与构建,应用与实现,二维码、射频识别技术和物联网技术的应用设计与构建。

(3)成熟发展阶段(2017年以后)。这一阶段表现为理论发展成熟及进一步的国家层面实践推进阶段,逐渐从早期的系统构建、现实摸索过渡到标准化的食品安全溯源平台,主要聚焦于对溯源系统的问题与对策分析、应用与推广。

近十几年来,随着人们对食品安全的关注度越来越高,学术界对该领域的关注度也显著上升,更新和推进食品安全溯源系统的研究内容和方法显得尤为重要。

我国农产品质量安全溯源系统的建立与国际上基本同步,进展相对缓慢。2002年,我国农业部出台了《动物免疫标识管理办法》,明确猪、牛、羊必须佩带免疫耳标,建立免疫档案管理制度。2003年,中国物品编码中心启动了"中国条码推进工程",要求对少数蔬菜、部分肉类产品标识自己的身份信息,极大地推动了条码在我国企业产品标识中的应用。为了规范出境水产品的批次管理,2004年我国先后出台了《出境水产品溯源规程(试行)》和《出境养殖水产品检验检疫和监管要求(试行)》。2006年,《中华人民共和国农产品质量安全法》颁布施行,加强了农产品质量监管。2015年以来,国务院发布了《关于积极推进"互联网+"行动的指导意见》《"互联网+"现代农业三年行动实施方案》《全国农业现代化规划(2016—2020年)》,对农产品质量安全追溯体系建设主要目标、建设内容、发展路径、制度保障等做了具体安排。2016年,商务部、农业部等七部委联合下发了《关于推进重要产品信息化追溯体系建设的指导意见》,明确提出重点推进食用农产品质量安全追溯体系建设。我国食用农产品追溯体系建设由最初的试验示范进入实质性的市场应用普及阶段,食用农产品质量安全追溯就此拉开了帷幕。2019年,《中共中央国务院关于深化改革加强食品安全工作的意见》《关于协同推进肉菜中药材等重要产品信息化追溯体系建设的意见》等文件的发布,体现了国家对食品安全溯源的重视,预示着未来这一领域将会有较大的发展空间。2020年12月,全国进口冷链食品追溯管理平台建成并上线运行,目前有9个省(市)接入平台试运行,冷链食品首站进口量占全国90%以上。该平台基本实现从海关入关到生产加工、批发零售、餐饮服务的全链条信息化追溯,可在线上排查、精准管控、现场处置等方面发挥重要作用。

在食品安全可追溯体系的构建和实施进程中,国家和各大部委相继出台了食品安全立法体系,如《中华人民共和国农产品质量安全法》《中华人民共和国食品安全法》《中华人民共和国标准化法》等,同时制定了相关标准,建立面向不同行业的溯源系统,并在各地试点实施。中国物品编码中心在全国建立涵盖肉蔬果水、加工食品、水产品及地方特色食品等多个领域产品的质量安全追溯应用示范基地,以推进"中国条码推进工程"。

国务院印发的《"十三五"国家科技创新规划》明确指出,"重视食品质量安全,聚焦食品源头污染问题日益严重、过程安全控制能力薄弱、监管科技支撑能力不足等突出问题,重点开展监测检测、风险评估、溯源预警、过程控制、监管应急等食品安全防护关键技术研究",并提出开设食品质量安全研究专栏,要求开展危害因子靶向筛查与精准确证、多重风险分析与暴露评估、监管和应急处置等共性技术研究,重点突破食品风险因子非定向筛查、体外替代毒性测试、致病生物全基因溯源、真伪识别等核心技术。

当前世界上对食品追溯的要求,基本上分散在各种食品法规中。为了最大限度地保护消费者的安全,对食品链进行从农田、牧场到餐桌的全链追溯,该原则已经成为国际社会和大多数国家政府的共识。预计会有越来越多的国家把追溯列为对农产品和食品的强制性要求,并出台详细具体的规定,这有可能使追溯成为国际市场上一个综合性贸易壁垒。全链追溯能力将成为越来越多的国家和地区、强势企业或行业对农产品和食品的基本要求。在相关法规要求不断增加和行业领先企业要求不断提高的情况下,食品企业的管理能力、人力资源状况、成本及效益掌控能力都将面临更大的挑战。

1.1.4　存在的问题与发展趋势

1. 存在的问题

随着溯源方法、溯源系统的搭建和标识技术的研究,信息技术的发展,大数据、区块链等信息技术手段将更多地应用于溯源体系的搭建。由于我国农产品生产分散,一方面需要有关知识储备和相关技术支持,另一方面需要增加成本投入。我国溯源管理体系建立距今还不到 20 年,发展过程中还存在着许多问题。

(1)溯源体系不完善

农产品溯源管理涉及产品的整条供应链,包括从原料产地到生产加工再到运输售卖,这需要建立一个庞大的数据库,对技术要求较高,不仅要管理主体信息、检测数据信息、执法数据信息等,还要对农产品生产、加工、运输等数据进行分析汇总。国内商品溯源体系的发展虽然取得了一定的成绩,但是距成熟完善的标准体系还有很大的距离。整个食品生产过程中应用自动追溯系统的实例仍寥寥无几,国内食品行业追溯目前仅仅是在零售结算环节,远未在食品供应链的全过程应用,全程可跟踪的供应链尚未形成。食品追溯体系的建立主要依据以信息记录为主的射频识别追踪技术,由于包装附着的表观信息、记录信息容易被篡改,因此尚未展开追溯体系信息真伪功能识别验证的研究,农产品(食品)的纯品种、原产地的真实性溯源技术未有应用,特色农产品及大宗粮食作物的品牌保护技术体系并未建立。

(2)信息管理技术不成熟

我国目前仅有农产品质量安全溯源监管系统、农业主体信息系统和农产品信息公开服务系统,溯源管理配套技术尚不能完全满足我国农产品溯源需求。现有追溯系统都是基于 RFID、二维码、条码等身份信息进行追溯,中间环节很难保证信息的完整性,容易出现各种漏洞,如替换、丢失等。农产品的真实性溯源技术、原料产地和品种指纹图谱数据库建设不足。由于网站建设成本较低,网络上溯源平台众多,而在产品供应过程中,信息记录尚不规范,容易被篡改。在信息公开方面,常因系统的承载能力有限而无法做到完全透明,消费者反映查询结果存在信息不完整、无效信息等问题，甚至平台出现问题，不知从何查起。

(3)信息采集传输不完善

一个完整的农产品安全追溯体系应涵盖从选育、栽培、养殖、收购、加工、仓储、物流、销售、售后、权益保障、法律保障、追责、执法，以及与之配套的标准建设、标准导入、检验检疫、认证认可、计量校准等方面全流程，但目前的追溯体系主要是建立在生产加工、储存销售两个环节上，缺乏农产品种植和养殖阶段的标准导入和相应的关键点数据采集。现代化采集记录工具价格较高，且需要定期维护，一般中小型企业内部难以实现信息化建设。

可以通过产品编码在国家食品(产品)安全追溯平台上查询到企业信息、产品信息和资质信息，这些信息都是由企业自行上报，由于现在还无法实现在食品生产过程中的自动上报，这就对企业自身掺假、原材料以次充好等问题无法进行监管。目前，一些地方政府和企业也结合自身特点建立了很多溯源平台。

(4)溯源标准化程度低

农产品溯源需要收集海量的数据信息，不同的溯源体系对于数据信息的处理标准有较大的差异。我国目前存在的大多数农产品溯源系统规模小、数量多，而且每个溯源系统的标准不同，缺乏统一、权威的标准，这就不可避免地导致了溯源系统之间不能实现信息共享，溯源系统彼此不兼容，使得溯源系统整体运行效率低。单一的溯源系统不仅无法完成农产品的整个溯源，还造成溯源信息的分散化以及有效信息的浪费，给农产品溯源造成困难。

2. 发展趋势

食品质量追溯仍将在未来一段时间内高居消费者、企业、政府及国家最为关注的焦点问题前列。溯源领域的发展趋势未来会呈现以下五个趋势。

(1)溯源服务与检验、检测、认证服务的融合越来越紧密，原因在于越来越多的政府部门、消费者希望通过溯源直接得到评价结果，而不是信息本身。在产品及其属性信息有效标识基础上，还需加强对相关信息获取、传输及管理，实现源头可追溯、流向可跟踪、信息可查询、产品可召回，尽快建立一整套行之有效的食品可追溯体系。

(2)对于企业，溯源服务将从增加成本逐步向创造价值过渡。伴随着市场对"溯源理念"的认可，溯源的企业和商品会逐步在竞争中确立竞争优势。例如，进口商品通过溯源的手段在便利通关、降低打假成本、促进销售等方面产生促进作用，企业会逐步从"溯源"本身获益。

(3)推进云计算、大数据、物联网等先进信息手段在食品安全监管领域的应用,建立融合许可监管、稽查执法、抽检监测、诚信管理、溯源管理、应急管理等多维数据的食品安全智慧监督平台,以及适用于各环节的食品安全监管智能现场执法终端。

(4)与大数据和诚信体系融合。溯源服务将撬动企业、商品以及供应链的大数据,最终融入社会诚信体系中。

(5)在现有产品及其属性信息有效标识基础上,加强对食品追溯体系相关信息获取、传输及管理,实现"源头可追溯、流向可跟踪、信息可查询、产品可召回",是保护优势品牌、完善食品追溯体系建设的有效路径。

1.2　农产品溯源技术

近年来,食品产地溯源和确证技术在动源性食品和植源性食品中应用十分广泛。产地溯源可以对具有地理标志的产品以及地区名优特产品起到判别产地真假和质量安全的作用,为其提供数据支撑。

在生产、加工、运输、储存以及销售的过程中任意环节出现问题时,可以根据产地特征指标进行追溯,让市场、企业、个体商户等管理者及消费者从农田到餐桌全程地了解食品。根据不同产地来源的食品,其内在品质也会受地理位置、气候环境、土壤等因素的影响而使其 DNA、矿物质含量、有机成分等物质发生改变。

因此,依据检测成分不同所建立的溯源方法也不同,主要包括物理方法、化学方法和生物方法三个大类的溯源技术。

1.2.1　无线射频识别技术

标签溯源技术是利用条形码或二维码技术,储存食品产地或指标信息,结合手机、电脑等设备进行查询来对食品进行追溯。物联网溯源技术是物与物通过互联网相联的技术,核心是互联网,包括产品名服务器(ONS)、频射识别(RFID)、信息服务器(PML)以及应用管理系统四部分。其中射频识别技术是非接触式自动识别技术,通过射频信号在条件差的环境中可以对多个样品进行自动判别,虽然此技术成本较高,但能够比标签技术存储更多信息,可自动识别且快速。

因此,该技术在食品溯源中具有较好的发展前景。

1.2.2 虹膜识别技术

虹膜部位在瞳孔与巩膜之间,形状呈圆环形,约占眼睛总面积的1/2,虽然虹膜结构通常由遗传基因决定,但受环境因素影响,虹膜具有稳定、唯一,以及不能复制、遗忘等独特的生理结构特点。虹膜特征识别技术是生物溯源技术中最可靠的一种方法。虹膜技术利用虹膜存在的斑点、皱纹、凹点、细丝、条纹以及射线等生理结构特征进行识别。虹膜识别技术相比其他技术起步较晚,一般在肉类食品中进行虹膜特征信息的采集,结合信息技术,构建完整的追溯体系。虽然虹膜特征在食品溯源中具有很大的潜力,但还面临一些困难,如虹膜纹络的稳定性、采集技术、虹膜识别算法以及识别系统的验证都有待研究。

1.2.3 有机成分分析

有机成分溯源技术也是近年来国内外发展研究较多的一种产地溯源方法,是食品产地溯源中评价名优特产品品质、判别产地来源的有效分析方法之一。农产品中蛋白质、脂肪、香气成分、碳水化合物以及次生代谢物等有机成分的组成和含量,因其所处地理环境的温度、土壤、水、气候、日照等差异而具有不同的特征表现。因此,可以利用有机成分的组成和含量作为食品产地溯源的特征指标,对具有地理标志的农产品、名优特产品以及传统特色的产品进行品质、产地的跟踪和追溯。有机成分溯源技术试验流程相对复杂,不同的有机成分处理方法以及检测方法都不同,常选择气相色谱法、高效液相色谱法及其与质谱的联用技术、电子鼻、核磁共振技术等。在农产品加工储藏的过程中,有机成分会随着时间的延长而改变,对农产品的质量鉴定有一定的局限性。但利用有机成分溯源技术可以了解不同食品的品质特征及鉴定食品产地等情况,其检测成本较低。在建立有机成分产地溯源时,需要对食品中有机成分的变化规律有着深入的了解,筛选出有效、稳定且具有明显产地差异的特征指标,从而提高产地溯源的准确性。

1.2.4 矿物元素分析技术

矿物元素溯源技术是根据不同产地土壤中的矿物元素组成和含量因地层岩石背景的不同而具有地理特征差异性来进行的。虽然植物体内的基本组分包括矿物元素,但矿物元素却不是由植物体自身合成的,而是从外界环境中获取的。产地不同、环境不同和土壤不同,导致植物体内的矿物元素组成和含量具有差异性。此外,植物体内的矿物元素还因施肥、品种、栽培方式等不同而具有差异性。因此,不同产地,植物体所具有的矿物元素特征信息也不同这一特点,可以应用于食品产地溯源中,筛选出与食品产地直接相关并且稳定、有效的矿物元素指标进行分析鉴定,从而对食品的品质及产地进行追踪,达到溯源的目的。检测矿物元素含量常选择电感耦合等离子质谱仪(IC-MS)、原子吸收光谱仪(AAS)和原子荧光光谱仪(AFS)等具有高分辨率的仪器。矿物元素溯源技术虽然检测成本高,但具有检测线低、操作方便、多种元素可同时分析以及分析迅速等优势而成为研究者们进行产地溯源分析的主要手段。

1.2.5   光谱分析技术

1. 近红外光谱

近红外光谱溯源技术所用的光谱区为 780~2 526 nm,这是位于可见光与中红外光之间的一种电磁波。根据食品中有机成分的 C—H、O—H、S—H、N—H 等含氢基团的分子从基态向高能级跃迁产生的振动、伸缩、弯曲等引起的组合频和倍频在红外光谱中吸收,对分子组成及结构进行鉴定和分析。不同产地食品中的有机成分因生长的地理位置和环境条件等因素的影响而具有独特的组分和含量,这种差异会在红外光谱上形成特有的谱图。

根据此原理,近红外光谱技术可以在食品质量及产地判别方面进行追溯。其优点是在检测样品时无须前处理、方法简单、成本较低、检测速度快,是一种高效、便捷的无损检测技术,但也存在因食品在储存、加工的过程中,有机成分的组分和含量发生改变,使研究者在检测产品时出现误差,造成食品"指纹"信息不稳定的现象。因此,综合近红外光谱溯源技术特点,结合化学计量学等其他方法可在食品领域中进行食品产地溯源。

2. 拉曼光谱

拉曼光谱是一种快速、无损的方法,可根据物质的分子振动频率识别各种物质。不同组分产生分子振动和旋转的能级,可以用不同的拉曼位移表示。因此,任何一种物质中的每一种成分都有其特定的光谱特征。它可用于定性分析,并应用于食品产地鉴别。但拉曼光谱技术成本较高,易受荧光等干扰,准确性也易受到影响,限制了其在食品真实性鉴别中的应用。

由于红外光谱和拉曼光谱的选择性法则是不相同的,有些基团振动时偶极矩变化非常大,红外吸收峰很强,红外是活性的;有些基团振动时偶极矩没有发生变化,不出现红外吸收峰,红外是非活性的,而拉曼峰非常强,拉曼是活性的。因此,红外光谱和拉曼光谱是互补的。

1.2.6　同位素示踪技术

不同地域食品中的同位素组成因产地的地形、土壤、环境和自身代谢类型等因素的影响而产生分馏效应,导致食品中某种同位素产生差异,且不会由于化学添加剂等外来因素的改变而产生变化。这种同位素差异反映了该食品所处的外部环境信息,如同指纹一样,使食品具有所处环境的特征信息。可以依据不同的稳定性同位素丰度值差异对食品进行产地溯源分析,其中 C、H、O、N、S、B、Sr、Pb 等元素的同位素在食品溯源体系中应用较多。但这些元素易受环境因素影响而产生局限性,如 H 和 O 两种元素的同位素主要与当地的水质有关,但其受降水量、地形和环境等因素影响,在相似的环境和地形中判断食品产地可能出现产地溯源不准确,出现误差。虽然稳定性同位素溯源技术的分析仪器成本高,但其具有分析速度快、操作简单方便、用量少且精密度高等特点,在肉类、果蔬类、谷物类、乳品类等食品产地溯源方面应用广泛。

1.2.7　DNA 指纹分析技术

动植物体为更好地适应所处环境而使本身的基因组 DNA 发生改变,其在植物体内存在相对的稳定性,每个动植物体都拥有独一无二的 DNA 序列。根据生物体内核苷酸序列的变异进行遗传标记,直接反映出 DNA 序列的特异性,根据不同的生物体具有的独特的 DNA 序列,构建 DNA 指纹图谱。DNA 溯源技术就是根据DNA 的遗传特性和变异特性对食品进行品质及产地溯源的。DNA 拥有像指纹一样的独特信息,它可以根据 DNA 的特异性对个体进行识别。除此之外,根据 DNA的遗传特性,可以鉴定判别生物体之间的亲缘关系,在生物方法溯源技术中十分重要。扩增片段长度多态性(AFLP)、单核苷酸多态性(SNP)以及微卫星标记(SSR)是 DNA 溯源技术中主要的三种标记方法。DNA 溯源技术对技术和原料要求不高,其优点是获取的 DNA 序列不受外界环境影响,稳定易保存,特异性强,分析速度快,准确度高且适用范围广泛,但其技术费用高,等位基因多并且带型复杂,目前在食品溯源中应用还不多。

1.2.8　多种技术融合

单一分析技术的测定结果无法代表产地溯源的全部信息,导致产地识别率低。针对此状况,需要建立多种技术融合的产地溯源手段,即结合稳定同位素技术、矿物元素指纹图谱技术、代谢组学技术、近红外光谱技术对植源性农产品进行产地追溯。在未来的产地溯源研究中将会更多地应用到多种技术融合,增加模型的多维性,从而使模型更加牢固、更有效地对植源性农产品进行区分。

从上述物理学、化学和生物学等方面溯源技术的分析,可以看出每种方法各有利弊。针对不同食品选择不同的方法进行追溯,可以有效地对食品进行质量安全控制及产地判别。因产地、年份、品种等影响因素的不同导致食品中有机成分的次生代谢物组成以及含量具有差异性,从而形成具有不同特征信息的食品溯源指标,可以利用食品中有机成分的差异性,经化学计量学分析,构建数据库,有效地评价食品的内在质量及判别产地溯源。

1.2.9   化学计量学方法

食品种类多样,成分复杂,其质量和安全性常受到威胁。因此,研究者们利用各种现代分析检测技术对食品的成分和含量进行分析和鉴定,面对不同类型的数据信息,需要化学计量学进行数据整理与归纳。化学计量学在食品溯源的应用中结合了数学、化学、统计学以及计算机科学等方法对评价食品内在质量的真假、安全性和进行产地判别分析具有重要的作用。在食品产地溯源中,方差分析(ANOVA)、主成分分析(PCA)、系统聚类分析(HCA)、Fisher判别分析等常用的化学计量学方法已经用于各种元素的定量分析以及元素特征成分的分析中。

不同产地中多个指标存在一定的相关性,主成分分析具有降维的作用,用提取出的较少的变量反映原始变量信息,减少指标间的重复信息。通过系统聚类能够清晰直观地看到样品的归类情况。而判别分析可以将大量样品进行归属并建立判别模型,对未知内在质量和产地的样品进行判别分类。由此可见,化学计量学在食品产地溯源研究中提供了强有力的分析方法和数据解析能力。

1.2.10   数据库

数据库的构建是食品安全溯源体系的关键环节,利用信息化的手段实现食品溯源,可以有效地对食品进行品质追踪和产地溯源的管理,减少了利用纸质记录、电子标签等易出现的信息丢失和伪造等情况。大豆中的组分复杂多样,不同产地的大豆具有独特的特异性指纹信息。通过检测技术形成特有的谱图结合化学计量学方法,筛选具有地理特征的指标,建立判别模型,针对所筛选出的特征指标信息构建产地溯源数据库,当大豆出现质量安全问题时,可以快速准确地追溯其产地,对出现的问题在源头上进行解决。数据库的构建可以有效地让消费者随时对黑龙江省主产区的大豆进行产地信息查询、真伪识别及品质鉴定,管理者还可将大豆的生产和销售等信息上传到数据库中,方便管理者对大豆进行监督及综合管理。实现黑龙江省大豆在生产、加工、运输、储藏及销售等过程中全程信息的透明化,可以及时地对出现问题的大豆进行应急处理召回机制。

1.3 大豆溯源技术与品牌保护

1.3.1 黑龙江省大豆生产概况

中国是非转基因大豆产量最多的国家,占比超过 23%,非转基因大豆符合人们对天然、健康粮油食品的消费需求,而世界其他大豆主产国因转基因大豆侵蚀,已增长乏力,这更突显了中国大豆在世界大豆市场上的重要地位。"中国大豆看东北,东北大豆看龙江",黑龙江省是我国大豆的主产区,也是全国最大的非转基因大豆加工区,其重要的生产意义和加工价值无可替代。

黑龙江省地广人稀、土地肥沃、环境污染轻;大豆种植历史悠久,发展非转基因绿色有机大豆种植业,拥有得天独厚的优越条件。因其质地优良,高蛋白、高油脂和高异黄酮等大豆品种在国内市场和豆制品加工业中占有重要地位。随着大豆种植技术的发展,黑龙江省大豆单产水平已有显著提升。

2014—2016 年黑龙江省大豆连续 3 年平均单产达到 118 千克/亩(1 亩 $\approx$ 666.7 米^2),但与国外转基因大豆平均单产 210 千克/亩相比,黑龙江省大豆单产水平还有很大的提升空间。另外,黑龙江省大豆播种面积不断减少,从 2010 年开始下降,至 2015 年达最低水平 240 万公顷,较 2010 年下降了 32.3%。其主要原因是:2010—2013 年大豆收益低于玉米,2014 年国家实行大豆目标价格补贴政策,大豆播种面积较 2013 年有所增加,但是大豆收益还是低于玉米,导致 2015 年大豆种植面积再度下降。2016 年,国家出台了"增大豆减玉米"的补贴政策,加大了大豆补贴力度,大豆播种面积开始增加。

根据国家统计局数据,2018 年全国大豆播种面积为 841.28 万公顷,其中黑龙江省大豆播种面积为 356.77 万公顷,占比 42.41%,年产量 658 万吨;2019 年黑龙江省大豆产量为 781 万吨,同比增长 18.69%。2020 年黑龙江省大豆播种面积为 483.2 万公顷,年产量达到 920 万吨。2010—2020 年,黑龙江省大豆年均产量高达 597.7 万吨。

1.3.2　黑龙江省大豆品牌化经营概况

黑龙江省在开展大豆品牌化经营的过程中重视贯彻和落实国务院"整合特色农产品品牌,支持做大做强名牌产品,保护农产品知名品牌"这一要求,在省内广泛开展了大豆种植的安全绿色行动,在促进大豆增产和农民增收的同时增强了市场竞争力,为品牌化经营奠定了基础,农产品品牌化经营的现状如下:

1. 品牌发展速度较快,品牌数量较多

政府及大豆生产加工企业的品牌意识明显增强,日益重视大豆的品牌建设,大豆品牌如雨后春笋般纷纷涌现,数量激增。其中,较为出名的有"完达山""九三"及其他省级优质品牌。这些品牌的出现拓宽了黑龙江省大豆品牌化经营的局面,是我国大豆产业链延展和成熟的一大表现。

2. 大豆品牌化经营出现多样化趋势

黑龙江省几乎每一个农产品和行业都拥有自己的品牌,大豆的品牌化建设和经营呈现多样化的趋势,出现了具有黑龙江省特色的著名品牌,如"寒地黑土"品牌、"完达山"品牌涵盖了黑龙江省大豆制品,引领着省内大豆生产和制造企业走品牌化经营道路。这进一步催生了新品牌,促进了省内大豆品牌化经营的多样化发展。

3. 大豆规模化经营基本成型

大豆作为黑龙江省重点发展的十大产业之一,其通过实施大豆产业振兴战略,打造"龙江非转基因"大豆产品品牌,促进大豆产品多元化发展,提升食用油脂、蛋白类产品、系列餐桌食品质量和安全。黑龙江省大豆生产和加工企业的规模化经营已经基本成型,地方龙头企业、中介组织、专业批发市场已经初具规模,并呈现逐渐优化和完善的良好趋势。

1.3.3　大豆品牌保护的必要性

黑龙江省大豆品牌建设存在"重炒作轻建设",品牌"近视症",品牌管理人才匮乏,品牌开发创新不足,品牌鉴定技术总体水平较低等现象。尤其是利用大豆中的生物特征成分标记的大豆品牌建设,仍处于空白或刚刚起步阶段。保护和提升本省大豆品牌优势和大豆安全、原产地溯源和种质资源保护,进而提升黑龙江省大豆种植和加工业整体水平,创造更大的收益,值得政府、企业和研究人员关注。

1. 保护地方名优农产品品牌

黑龙江省作为农业大省和我国重要商品粮基地,有大量的农产品相继获得国家地理标志保护,其中非转基因大豆以种植面积广、产量高、品质优良闻名全国,但是多次出现的造假事件,影响了品牌价值和整个黑龙江省名优农产品的声誉。为破解难题,需要利用人工智能等新技术保护和提升全省粮食作物等农产品的品牌优势及质量安全,这样做既是贯彻总书记关于龙江发展"深度开发'原字号'"、实施"粮头食尾""农头工尾"工程新思路的重要举措,也是保护地方名优农产品品牌的需要。

2. 落实执行国家和地方相关政策

2017 年 7 月 20 日,国务院印发《新一代人工智能发展规划》提出了人工智能发展三步走的战略目标。2017 年 12 月 14 日,工业和信息化部印发了《促进新一代人工智能产业发展三年行动计划(2018—2020 年)》,对人工智能产业的具体行动目标、重点突破领域、核心基础及相关支撑体系给出了明确的计划,提出了数字化的目标。2016 年 9 月 12 日,黑龙江省政府发布《关于加快推进重要产品追溯体系建设实施方案》,提出推进食用农产品追溯体系建设、推进食品追溯体系建设、推进药品追溯体系建设、推进特种设备和危险品追溯体系建设、推进主要农业生产资料追溯体系建设的五大重点任务,完成全省重要产品追溯数据统一平台建设,依托省、市两级政务信息服务平台推进部门相关系统数据共享和流程互通,并推动企业数据和系统接入,实现政府和社会追溯数据融合。

3. 推动我省农业和人工智能产业

2016 年,黑龙江省在减少化肥施用量 276.99 万吨的情况下,用全国 8.84% 的土地产出 9.83% 的粮食,发展"龙江大豆"产业和品牌关乎中国的粮食安全、耕地安全、食品安全、生态安全等重大战略问题。随着人工智能产业在黑龙江省的推进,急需开展基于人工智能和农产品质量追溯技术研究,以促进人工智能与黑龙江省农业的深度融合,推动黑龙江省农业健康可持续发展。研究大豆品牌鉴定、保护和相关技术,建立基于大豆生物特征的溯源数据库是非常必要的,对黑龙江省粮食安全控制体系和确证体系的发展具有重要的意义。

1.3.4　大豆溯源对品牌保护的可行性

建立一个针对黑龙江省省情的大豆溯源系统能向消费者提供黑龙江省非转基因大豆的有效信息,能让消费者购买到放心的非转基因大豆。以信息化的手段对黑龙江省非转基因大豆进行溯源,能够为黑龙江省的豆农增收,因为黑龙江省生产是非转基因大豆的主产区,这也是大豆溯源系统实施与发展的动力。当大豆质量出现问题时,可及时、有效地限制其影响范围,并根据溯源信息及时召回,避免造成更严重的危害。同时,建立黑龙江省大豆溯源系统也能有效传递大豆生产、流通信息,打破贸易技术壁垒,增强大豆的国际竞争力,增加出口机会,促进大豆国际贸易发展。

在一定程度上解决信息的不对称,使农业信息化渗透社会发展的每一个环节,将农业信息化运用在大豆的"产、供、销"一系列的市场流通的过程中,不仅将农业生产、销售信息化,也将售后环节信息化。

食品加工企业通过大豆生物指纹图谱技术对大豆进行真实性验证,并建立一套大豆质量追溯管理系统,对目标地区的大豆产品进行质量管理,从而让消费者能够科学、准确地选择合格的大豆原料。监管部门可对目标地区的大豆产品的生产、加工、流通、储藏、销售情况进行管理,提高执法力度。应用自动识别技术、计算机技术以及网络技术,实现大豆产品信息管理智能化。保证大豆产品的质量,杜绝造假现象,提高政府对大豆生产、储藏和贸易的监管能力,促进大豆优质优价政策的实施,同时帮助消费者辨别真假,免受销售人员欺骗,满足广大的市场需求。

分析大豆中蛋白质基因、脂肪、氨基酸和异黄酮等生物特征物被认为是粮食产地溯源比较有效的方法,尤其是在植源性食品的种质判别上有所应用。DNA、脂肪酸和异黄酮指纹技术在食品真伪鉴定上已经开始应用,由于大豆等植物的性质和特征是由基因决定的,因此这几种生物特征物在特定的食品或种质资源中具有唯一性和特异性,具有保真和稳定的鉴别特点,可广泛用于大豆等食品加工的原料真伪鉴定。针对目前黑龙江省品牌大豆种植区和品种进行生物特征物的提取、鉴定,并建立指纹图谱数据库和标准,将有力促进黑龙江省大豆品牌安全和保护,对大豆种植和加工行业的发展也会起到促进作用。

1.4 研究内容与技术路线

1.4.1 研究内容

1. 以黑龙江省大豆为研究重点,筛选有效溯源指标、产地判别模型,构建数据库,形成大豆产地和种质资源保护技术。

2. 以黑龙江省大豆主栽品种为对象,建立 DNA、脂肪酸和异黄酮指纹图谱信息库,开发一套黑龙江省品牌大豆鉴定技术。

3. 集成大豆 DNA 指纹图谱、脂肪酸和异黄酮的生物特征物数据库,构建大豆溯源平台。

1.4.2 技术路线

黑龙江省品牌大豆质量溯源技术路线如图 1.1 所示。

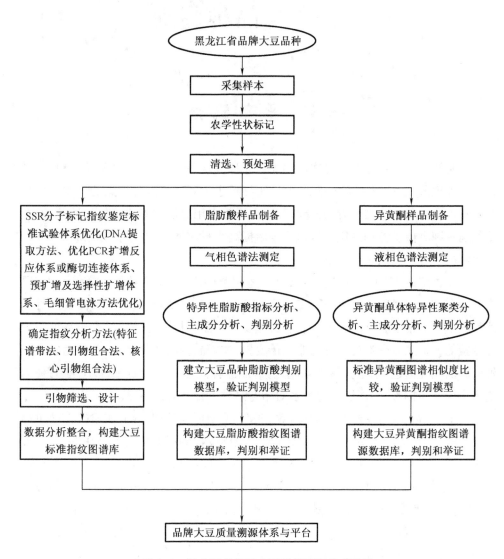

图 1.1 黑龙江省品牌大豆质量溯源技术路线

第2章 大豆 DNA 指纹图谱构建与品种鉴别

2.1 研究概述

黑龙江省大豆在生产中往往出现大豆品种多且杂乱的问题，以及越区种植、混合种植等现象，直接影响了大豆的产量，也导致了大豆品质差等现象的出现。从黑龙江省大豆的某一个品种看，其脂肪和蛋白质等专用品质并不比国外品种差，但多品种混合则降低了专用品质。这说明今后提高大豆质量，需要选择专用品种生产，从而解决品种多、乱、杂的问题。

在品种鉴定中，田间种植鉴定虽具有适用范围广泛、鉴定结果可靠等优点，但该方法存在鉴定时间长、效率低、工作量大、结果滞后等缺点。此外，所需鉴定目标性状大都为数量性状，受环境影响较大，需要熟悉品种特征特性和具有丰富田间检验经验的人员来区分遗传变异与非遗传变异，加之品种同质化严重，随着育成品种种质间的相互渗透，亲缘关系越来越近，造成品种间性状差异越来越小，给品种的鉴定带来一定困难，不能满足育种者对拓宽品种遗传基础的需求。

而 DNA 指纹图谱技术则具有高效、准确、不受环境条件影响、实验操作简单等优点，现已广泛应用于植物品种真实性鉴定及纯度检测研究。广泛应用的 DNA 分子标记有 3 代：第 1 代的限制性片段长度多态性（RFLP）、随机扩增多态性 DNA（RAPD）；第 2 代的扩增酶切片段长度多态性（AFLP）、简单序列重复长度多态性（SSR）；第 3 代的单核苷酸多态性（SNP）等。由于 SSR 分子标记具有数量丰富、多态性高、遗传共显性、谱带扩增稳定、精度高、检测时间短、技术成熟等特点，现已广泛应用于植物品种鉴定及纯度检测的研究。

微卫星 DNA 是指基因组中由短的重复单元（一般为 1~6 个碱基）组成的 DNA 串联重复序列，又被称作短串联重复（short tandem repeats，STRs）或简单重复序列（simple sequence repeats，SSRs）。微卫星广泛分布于各类真核生物基因组的不同位置,而且分布比较均匀,平均 10 kb 的 DNA 片段中就会出现一个微卫星序列,再加上 SSR 的重复次数不同和重复程度不同,使其呈现高度的多态性。SSR 的两端有一段保守的 DNA 序列,根据这段序列可以设计一段互补序列的寡聚核苷酸引物,进而对 SSR 进行 PCR 扩增。国家出台了一系列利用 SSR 分子标记鉴定主要农作物品种的行业标准,这些标准对种子行业发展、市场管理和质量监控功不可没,但对其结果的判定仍需正确认识。传统的植物品种田间小区域种植鉴定虽然费时、费力,但具有合法性、科学性、准确性,仍是主要农作物品种鉴定最可靠的方法。现行的标准虽然收集了大量的材料进行 DNA 图谱分析,但我国的种质资源丰富,并没有实现我国种质资源材料的全覆盖。现有标准选择核心引物为了方便检测,进行了很多精简,所选的 SSR 标记所占植物基因组内 SSR 标记的比例极小,随着品种数量的增加,不能满足所有品种真实性鉴定的需求。

目前国内已有多人采用 SSR 对大豆品种进行区分并构建指纹图谱,如徐海风等人利用 6 对 SSR 引物对淮河以南地区 26 个菜用大豆品种(系)构建指纹图谱,此技术可以将 26 个菜用大豆品种(系)逐一区分开;高运来利用 9 对引物可将 83 个参试大豆品种完全区分开,并构建了一套黑龙江省大豆品种的分子 ID;何琳等人利用 6 对引物可以将长江流域片国家区试验的 45 个参试大豆品种区分开,并获得了唯一的分子 ID。这些数据均为满足所有品种真实性鉴定的需求奠定了基础。

本章利用 SSR 分子标记对黑龙江省采集的大豆资源进行分析,构建了各种质资源的 SSR 分子标记指纹图谱,为黑龙江省大豆种质保存及筛选提供了理论基础。

2.2　试　验　方　法

2.2.1　SSR 引物的筛选

1. 采用文献调研法,根据国内研究人员报道的 SSR 标记信息,按照平均分布在不同染色体上选择多态较好的 SSR 标记,从中整理了 24 对 SSR 引物,平均分布在 15 条染色体上(表 2 - 1)。根据文献的引物名称,在 SoyBase 网站(https://soy-base.org/dlpages/)中寻找 24 对 SSR 标记引物序列,由北京优博兰基因技术有限公司先合成普通引物,稀释成原液和工作液备用,发现 24 对引物中共有 17 对引物可用,17 个 SSR 标记的大豆基因组分布及引物序列见表 2 - 1。

2. 引物筛选,对上一步的普通引物进行可用性筛选,随机挑选 3 个试验样品,进行引物条件和体系的摸索,进行扩增后产物用2%琼脂糖凝胶电泳检测,确认符合标准长度的引物。

3. 荧光引物合成,对上一步得到的有条带的引物进行荧光引物合成,在其中1条引物的5'端依次加入6-羧基荧光素(FAM)、六氯-6-甲基荧光素(HEX)和6-羧基四甲基若丹明(Tamra)进行标记。

表2-1　17个SSR标记的大豆基因组分布及引物序列

引物	染色体	基序	长度/bp	引物序列	
Satt514	Gm17	(ATA)27	236	Primer1	GCGCCAACAAATCAAGTCAAGTAGAAAT
				Primer2	GCGGTCATCTAATTAATCCCTTTTTGAA
Satt233	Gm08	(ATA)16	200	Primer1	AAGCATACTCGTCGTAAC
				Primer2	GCGGTGCAAAGATATTAGAAA
Satt138	Gm18	(AAT)47	293	Primer1	GACATTTTTCCACGGATATTGAAT
				Primer2	AACGGGCGATTTATGGCTAT
Satt216	Gm02	(ATT)19	197	Primer1	TACCCTTAATCACCGGACAA
				Primer2	AGGGAACTAACACATTTAATCATCA
Satt175	Gm07	(ATT)16	163	Primer1	GACCTCGCTCTCTGTTTCTCAT
				Primer2	GGTGACCACCCCTATTCCTTA
Satt100	Gm06	(TTA)13	168	Primer1	ACCTCATTTTGGCATAAA
				Primer2	TTGGAAAACAAGTAATAATAACA
Satt551	Gm07	(AAT)8	238	Primer1	GAATATCACGCGAGAATTTTAC
				Primer2	TATATGCGAACCCTCTTACAAT
Sat_084	Gm03	(AT)19 (ATAC)3	151	Primer1	AAAAAAGTATCCATGAAACAA
				Primer2	TTGGGACCTTAGAAGCTA
Satt156	Gm19	(ATA)17	223	Primer1	CGCACCCCTCATCCTATGTA
				Primer2	CCAACTAATCCCAGGGACTTACTT
Satt239	Gm20	(AAT)22	192	Primer1	GCGCCAAAAAATGAATCACAAT
				Primer2	GCGAACACAATCAACATCCTTGAAC
Satt453	Gm11	(TTA)14	235	Primer1	GCGGAAAAAAAACAATAAACAACA
				Primer2	TAGTGGGGAAGGGAAGTTACC

表 2 – 1（续）

引物	染色体	基序	长度/bp	引物序列	
Sat_128	Gm10	（GTA)4	0	Primer1	CCTTCTCCCTCTCATAC
				Primer2	CAAGTTTTATACCATTCATC
Satt369	Gm15	（TAT)17	249	Primer1	AACATCCAAAGAAATGTGTTCACAA
				Primer2	GCGAGTTCGAATTTCTTTTCAAGT
Sat_222	Gm17	（TTCT)3	168	Primer1	GCGGTCATGTGTCCCATTTAATTTAATCAA
				Primer2	GCGATGTGCCTCAAAAACTAACATCAATAA
Sat_295	Gm03	（TA)27	287	Primer1	GCGGGCCATATATTTTATTTGTAGGTTCA
				Primer2	GCGCCAGGTCTAGTTTCTATTGATTTGG
Satt294	Gm04	（TAT)23	283	Primer1	GCGGGTCAAATGCAAATTATTTTT
				Primer2	GCGCTCAGTGTGAAAGTTGTTTCTAT
Satt387	Gm03	（AAT)10	209	Primer1	GCGTTACGTTTCACTATTTATTTAACAT
				Primer2	GCGGCAGGCTAGCTACATCAAGAG

2.2.2　大豆的遗传多样性分析

1. 大豆基因组 DNA 提取

供试大豆:选用黑龙江省 10 个农场和地区的 75 份品种为参试材料。

取鲜嫩叶片于 2 mL 离心管内, – 20 ℃过夜,研磨杆研磨后,加 1 mL DNA 提取液研磨成浆,60 ℃水浴 1 h, 12 000 r/min 离心 5 min 后取上清液。加入等体积的氯仿,剧烈振荡,12 000 r/min 离心 5 min 后取上清液。重复一次后,加入等体积的异丙醇, – 20 ℃放置 1 h,12 000 r/min 离心 5 min 后弃去上清液。加入 500 μL 70%乙醇洗2 次,风干。加入 100 μL Tris – EDTA 缓冲液溶解。

2. 主成分分析(PCR)扩增及检测

首先进行了预试验,挑选 6 个样本对上述引物进行预试验,通过琼脂糖电泳确定是否有目的扩增产物,从而确定引物是否可用。在预试验的基础上,进一步合成荧光引物,在其中 1 条引物的 5' 端依次加入 FAM、HEX 和 Tamra 进行标记。PCR 扩增体系为 10 μL,反应液中包括 0.6 μL F/R primers(μmol),1 μL 10 × PCR Buffer,0.8 mmol/L dNTP(10 mmol),0. 12 μL Taq DNA 聚合酶,1ng DNA 模板,用 ddH$_2$O 补足 10 μL。

PCR 反应程序:进行 Touchdown PCR,具体反应程序为 95 ℃预变性 2 min,95 ℃

变性30 s,退火30 s(引物退火温度按照1循环降落1 ℃,由60 ℃降到50 ℃),72 ℃延伸30 s,10个循环;然后95 ℃变性30 s,50 ℃退火30 s,72 ℃延伸10 min,共35个循环,最后10 ℃恒温保存。

(1)毛细管电泳检测

试验使用3730XL测序仪(氩离子激光光源,激发波长为488 nm和514.5 nm)进行,利用Genemarker中Fragment(Plant)片段分析软件对测序仪得到的原始数据进行分析,将各泳道内分子量内标的位置与各样品峰值的位置做比较分析,得到片段大小。

(2)数据统计与分析

利用POPGENE version 1.32软件计算SSR引物的遗传距离(GD)、遗传相似系数(GS)、多态性频率(FP)、等位基因数(Na)、有效等位基因数(Ne)、尼尔森基因多样性(N)、香农多样性系数(I)。

根据Smith等方法对SSR引物的多态性信息含量指数(PIC)进行计算,公式为

$$PIC = 1 - \sum FP_i^2$$

式中,FP_i表示第i位点的等位基因频率。利用统计分析软件NTSYS – 2.10,根据遗传相似系数GS,用非加权类平均法(UPGMA)进行遗传相似性聚类,并绘制成树状图。

2.2.3　DNA指纹图谱的构建

根据首选的17对大豆引物扩增和毛细管电泳测定的结果,以0/1的方式记录多态性片段的有无,有此带时赋值为"1",无此带时赋值为"0",构建了68个品种的DNA指纹图谱。通过将水稻品种的0/1指纹图谱利用在线软件将二进制转换为32进制,用学名的首字母表示大豆物种,再结合表2 – 2中水稻品种的序号顺序对其进行重新编码,参照国家技术标准《128条码》(GB/T 18347—2001)及《快速响应矩阵码》(GB/T 18284—2000)的规定,利用条形码生成器里的Code128A生成品种的身份证条形码,利用二维码的生成软件生成相对应的身份证二维码,从而构成品种特有的身份信息。

表 2 - 2　68 个大豆品种信息表

序号	品种名称	品种编号	序号	品种名称	品种编号
1	垦丰 17	15 - 5 - 0	35	中黄 901	9 - 1 - 1
2	贺豆 1	2 - 1 - 2	36	昊疆 14	11 - 1 - 1
3	东农豆 119	3 - 2 - 0	37	龙垦 3075	14 - 1 - 0
4	克山 1 号	5 - 1 - 1	38	大地 11	17 - 5 - 0
5	华疆 4	7 - 1 - 0	39	金丰 1	18 - 1 - 0
6	金源 55	12 - 2 - 1	40	北亿 901	22 - 4 - 0
7	圣豆 43	16 - 1 - 1	41	东庆 9 号	23 - 1 - 0
8	金杉 4	19 - 1 - 0	42	东升 7	24 - 1 - 0
9	建农 19	20 - 1 - 0	43	丰研 1 号	26 - 1 - 0
10	垦豆 92	21 - 1 - 0	44	富强 5 号	27 - 1 - 0
11	龙达 3	25 - 1 - 0	45	广民 5 号	28 - 1 - 0
12	龙北 5	35 - 1 - 0	46	佳豆 18	29 - 1 - 0
13	嫩芽 3 号	38 - 1 - 0	47	龙达 130	31 - 1 - 0
14	新品种 1 号	40 - 1 - 0	48	蒙豆 173	42 - 3 - 0
15	有机豆 1152	41 - 2 - 0	49	鑫农 13 号	33 - 1 - 0
16	蒙豆 15	42 - 1 - 0	50	登科 8	34 - 1 - 0
17	9302	45 - 1 - 0	51	华菜豆 2	36 - 1 - 0
18	46	46 - 1 - 0	52	南繁 6 号	37 - 1 - 0
19	多收 31A1	47 - 1 - 0	53	品种 1092	39 - 1 - 0
20	丰收 27 号	48 - 1 - 0	54	江农 416	43 - 1 - 0
21	环山 1 号	49 - 1 - 0	55	6088	44 - 1 - 0
22	东亿 61	52 - 1 - 0	56	北亚 109	50 - 1 - 0
23	九研 13 号	56 - 1 - 0	57	北兴 4 号	51 - 1 - 0
24	浓农 2 号	58 - 2 - 0	58	贺丰 6 号	54 - 1 - 0
25	68	60 - 1 - 0	59	恒豆 15 号	55 - 1 - 0
26	69	60 - 2 - 0	60	扩豆 8 号	57 - 1 - 0
27	71	60 - 4 - 0	61	来豆 1 号	58 - 1 - 0
28	垦农 30	13 - 3 - 0	62	70	60 - 3 - 0
29	无白 01	无	63	72	60 - 5 - 0
30	黑河 52	1 - 6 - 1	64	73	60 - 6 - 0
31	东农 253	3 - 1 - 1	65	东升 10	24 - 4 - 0
32	黑河 43	1 - 1 - 9	66	无白 02	无
33	合农 95	4 - 1 - 1	67	克山 1 号	5 - 1 - 4
34	北豆 26	8 - 1 - 0	68	黑河 53	1 - 7 - 1

2.3 结果与分析

2.3.1 大豆遗传多样性分析

1. SSR 标记多态性

利用 17 对水稻 SSR 标准引物分别对 68 个大豆品种进行扩增并利用毛细管电泳技术对扩增产物进行检测(图 2 – 1),17 对引物的多态性信息结果见表 2 – 3。经毛细管电泳共检测到 98 个等位基因,平均每对引物扩增到 6.125 个等位基因,具有良好的多态性。标记 Sat_128 在所有品种中检测到的等位基因数最多,为 13 个等位基因;而 Sat_294 和 Sat_387 检测到的等位基因数最少,为 2 个等位基因;标记 Sat_084、Sat_222 和 Sat_295 检测到 3 个等位基因;标记 Satt551 检测到 4 个等位基因;标记 Satt233、Satt175 和 Satt453 检测到 5 个等位基因;标记 Satt216 和 Satt156 检测到 6 个等位基因;标记 Satt514 和 Satt239 检测到 7 个等位基因;标记 Satt138 检测到 8 个等位基因;标记 Satt100 和 Satt369 检测到 10 个等位基因。以 17 对引物在 68 个大豆品种中共检测到 98 个等位基因,其中引物 Satt216、Satt514 和 Satt453 在品种中多态性丰富。在荧光毛细管电泳检测的图谱中,可以看出多数位点为单位点和双位点,如 Satt216 引物扩增片段(图 2 – 1(a))和 Satt100 引物扩增片段(图 2 – 1(b));以及部分三位点和四位点,如 Satt551 引物扩增片段(图 2 – 1(c))和 Satt156 引物扩增片段(图2 – 1(d))。

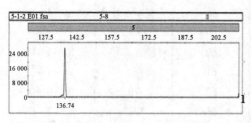

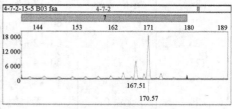

(a)Satt216引物扩增片段 　　　　　 (b)Satt100引物扩增片段

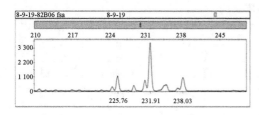 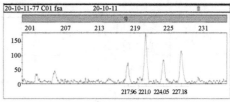

(c)Satt551引物扩增片段　　　　　　(d)Satt156引物扩增片段

图 2-1　大豆品种 SSR 扩增部分毛细管电泳图

　　SSR 标记的多态性信息量 PIC 值范围为 0.002 034~0.923 669,平均值为 0.548 955。Satt453 具有最大的 PIC 值(0.923 669),其次是染色体 Satt514 (0.856 170),Satt138PIC 值最小(0.002 034),68 个品种的 SSR 标记总体多态性比较丰富。

　　有效等位基因数 Ne 范围为 1(Satt514)~1.993 5(Satt100),平均值为1.237 4;尼尔森遗传多样性 N 范围为 0~0.498 4,平均值为 0.148 5;香农多样性系数 I 范围为 0~0.691 5,平均值为 0.243 5。

表 2-3　17 对引物的多态性信息

位点	多态位信息含量	*PIC*	*Na*	*Ne*	*N*	*I*
	188		1	1	0	0
	198		1	1	0	0
	199		2	1.756 9	0.430 8	0.622 3
Satt514	201	0.856 170	2	1.014 9	0.014 7	0.043 6
	213		2	1.111 3	0.100 1	0.206 9
	225		2	1.030 1	0.029 2	0.077 1
	238		2	1.483 0	0.325 7	0.507 0
	188		2	1.030 1	0.029 2	0.077 1
	193		2	1.077 7	0.072 1	0.159 8
Satt233	200	0.469 194	2	1.412 5	0.292 0	0.467 6
	203		2	1.128 6	0.114 0	0.228 8
	209		2	1.717 1	0.417 6	0.608 3

表 2 – 3(续 1)

位点	多态位信息含量	PIC	Na	Ne	N	I
Satt138	208		2	1.094 3	0.086 2	0.183 9
	211		2	1.128 6	0.114 0	0.228 8
	214		2	1.926 3	0.480 9	0.673 9
	217		2	1.926 3	0.480 9	0.673 9
	220	0.002 034	1	1	0	0
	226		2	1.014 9	0.014 7	0.043 6
	229		2	1.014 9	0.014 7	0.043 6
	232		2	1.030 1	0.029 2	0.077 1
Satt216	136		2	1.893 9	0.472 0	0.664 9
	168		2	1.531 6	0.347 1	0.531 3
	173	0.802 618	2	1.014 9	0.014 7	0.043 6
	192		2	1.030 1	0.029 2	0.077 1
	193		2	1.077 7	0.072 1	0.159 8
	206		2	1.014 9	0.014 7	0.043 6
Satt175	156		2	1.950 2	0.487 2	0.680 3
	160		2	1.221 1	0.181 0	0.326 5
	163	0.647 007	2	1.164 4	0.141 2	0.270 0
	175		2	1.030 1	0.029 2	0.077 1
	182		2	1.045 6	0.043 6	0.106 9
Satt100	127		2	1.014 9	0.014 7	0.043 6
	131		2	1.030 1	0.029 2	0.077 1
	141		2	1.077 7	0.072 1	0.159 8
	145		2	1.201 8	0.167 9	0.308 3
	148		2	1.014 9	0.014 7	0.043 6
	164	0.621 358	2	1.030 1	0.029 2	0.077 1
	165		2	1.893 9	0.472 0	0.664 9
	167		1	1	0	0
	168		2	1.993 5	0.498 4	0.691 5
	171		2	1.030 1	0.029 2	0.077 1

表 **2 - 3**（续 2）

位点	多态位信息含量	PIC	Na	Ne	N	I
Satt551	226		2	1.345 1	0.256 6	0.424 7
	232	0.787 332	2	1.962 8	0.490 5	0.683 7
	238		2	1.128 6	0.114 0	0.228 8
	256		2	1.030 1	0.029 2	0.077 1
Sat_084	146	0.464 158	2	1.653 6	0.395 3	0.584 4
	158		2	1.146 3	0.127 7	0.249 8
Satt156	228		2	1.969 0	0.492 1	0.685 2
	205		2	1.128 6	0.114 0	0.228 8
	221	0.661 863	2	1.281 3	0.219 5	0.377 8
	202		2	1.077 7	0.072 1	0.159 8
	196		2	1.045 6	0.043 6	0.106 9
	248		2	1.014 9	0.014 7	0.043 6
Satt239	177		2	1.270 8	0.213 1	0.369 4
	185		2	1.030 1	0.029 2	0.077 1
	186		2	1.045 6	0.043 6	0.106 9
	190	0.080 868	2	1.893 9	0.472 0	0.664 9
	197		2	1.014 9	0.014 7	0.043 6
	205		2	1.045 6	0.043 6	0.106 9
	290		2	1.014 9	0.014 7	0.043 6
Satt453	232		2	1.164 4	0.141 2	0.270 0
	240		2	1.030 1	0.029 2	0.077 1
	245	0.923 669	2	1.077 7	0.072 1	0.159 8
	254		2	1.631 5	0.387 1	0.575 5
	256		1	1	0	0
Sat_128	277		2	1.580 8	0.367 4	0.554 0
	274		2	1.045 6	0.043 6	0.106 9
	217	0.422 693	2	1.014 9	0.014 7	0.043 6
	224		2	1.077 7	0.072 1	0.159 8
	200		2	1.045 6	0.043 6	0.106 9

表 2-3(续3)

位点	多态位信息含量	PIC	Na	Ne	N	I
Sat_128	238		2	1.014 9	0.014 7	0.043 6
	228		2	1.045 6	0.043 6	0.106 9
	209		2	1.014 9	0.014 7	0.043 6
	220	0.422 693	2	1.030 1	0.029 2	0.077 1
	227		2	1.014 9	0.014 7	0.043 6
	230		2	1.014 9	0.014 7	0.043 6
	247		2	1.014 9	0.014 7	0.043 6
	135		2	1.014 9	0.014 7	0.043 6
Satt369	205		2	1.014 9	0.014 7	0.043 6
	213		2	1.014 9	0.014 7	0.043 6
	219		2	1.014 9	0.014 7	0.043 6
	226		2	1.014 9	0.014 7	0.043 6
	232		2	1.014 9	0.014 7	0.043 6
	244	0.703 785	2	1.483 0	0.325 7	0.507 0
	246		2	1.030 1	0.029 2	0.077 1
	249		2	1.993 5	0.498 4	0.691 5
	252		2	1.412 5	0.292 0	0.467 6
	255		2	1.014 9	0.014 7	0.043 6
Sat_222	144		2	1.873 1	0.466 1	0.658 9
	153	0.687 221	2	1.948 1	0.486 7	0.679 8
	169		2	1.061 5	0.057 9	0.134 2
Sat_295	267		2	1.240 7	0.194 0	0.344 1
	272	0.363 822	2	1.030 1	0.029 2	0.077 1
	292		2	1.496 7	0.331 8	0.514 0
Sat_294	268	0.303 447	2	1.221 1	0.181 0	0.326 5
	285		2	1.397 0	0.284 2	0.458 3
Sat_387	198	0.535 003	2	1.772 4	0.435 8	0.627 5
	207		2	1.128 6	0.114 0	0.228 8

2. 基于 SSR 标记的 68 个大豆品种(系)遗传相似性分析

利用 17 对 SSR 引物所检测出的 98 个位点,对 68 个大豆品种(系)进行聚类分析,结果如图 2-2 所示。Upgma 聚类分析之后,为了检验聚类结果,进行同态相关系数(cophenetic correlation)分析,计算结束后得到分析结果,会出现 Correlation 检验结果,如图 2-3 所示(相关系数为$r=0.739\,40$,说明聚类结果较好)。

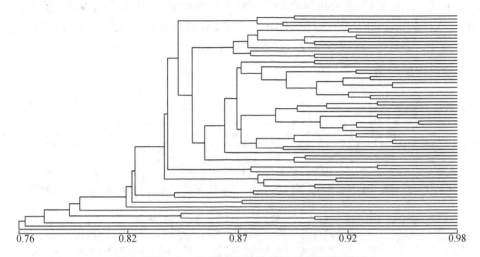

图 2-2　68 个大豆品种(系)的 SSR 聚类图

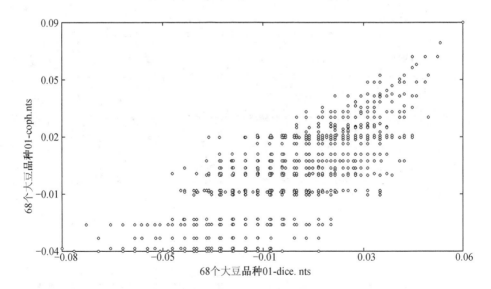

图 2-3　Cophenetic 相关性检验

2.3.2　大豆 DNA 指纹图谱的构建

根据首选的 17 对引物扩增和毛细管电泳测定的结果,以 0/1 的方式记录多态性片段的有无,构建了 68 个品种的 DNA 指纹图谱。例如垦丰 17 的指纹图谱,统计 17 个 SSR 标记在品种中的扩增产物和毛细管电泳直接读取的片段大小,与 17 个标记在所有试验品种中读取的片段对比,有该片段读数的记为"1",无该片段读数的记为"0"。由于 17 对 SSR 引物经毛细管电泳共检测到 98 个等位基因,所以龙粳 21 号品种的指纹图谱为 0000101001010110000010000010000000000011100010 100001001000000101000000000000000001000101000110。以此类推,68 个水稻品种的指纹图谱如图 2-4 所示。

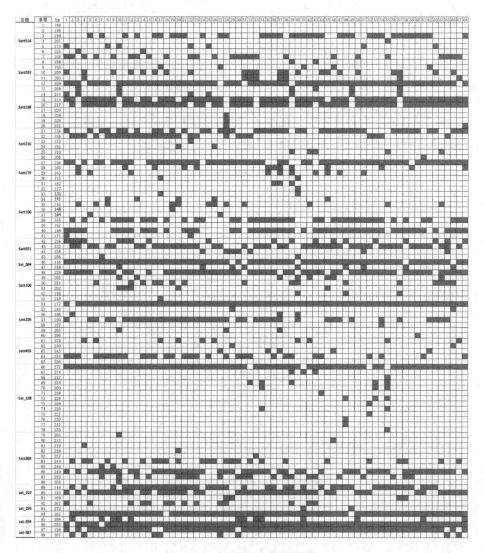

图 2-4　水稻 DNA 指纹图谱

2.3.3　大豆品种身份证的构建

参照国家技术标准《128 条码》（GB/T 18347—2001）及《快速响应矩阵码》（GB/T 18284—2000）的要求，利用在线条形码和二维码的生成软件将 68 个大豆品种的身份证分别生成唯一的条形码和二维码。用 Gm 代表大豆名称，按照表 2 - 2 的品种排序，对 68 个品种进行编码。如垦丰 17 大豆品种的条形码和二维码的构建，首先将垦丰 17 的指纹图谱 0/1 编码：00001010010101100000100000100000000000011 1000101000001001000000101000000000000000000001000101000110，利用在线软件将二进制转换为 32 进制（AAR4200E50J0M0004A6），用字母 Gm 代替大豆，垦丰 17 在表 2 - 2 中的序号为 1，所以品种编码为 Gm01，加上品种指纹编码构成品种的身份信息（C01 K1GM5GOK Gm01 AAR4200E50J0M0004A6），再用条形码生成器里的 Code128A 进行生成，即得到垦丰 17 品种的身份证条形码，最后利用二维码生成软件生成相对应的身份证二维码（图 2 - 5、图 2 - 6）。68 个大豆品种身份证的条形码和二维码信息分别见表 2 - 4。

Gm01 AAR4200E50J0M0004A6

图 2 - 5　垦丰 17 品种身份证条形码　　　　图 2 - 6　垦丰 17 品种身份证二维码

表 2 - 4　68 个大豆品种身份证信息表

编码	品种	品种身份证条形码	二维码	编码	品种	品种身份证条形码	二维码
Gm01	垦丰17号	Gm01 AAR4200E50J0M0004A6		Gm02	贺豆1号	Gm02 22C2201B5040M000GGS	
Gm03	东农豆119号	Gm03 43G21G8B50G0M00048P		Gm04	克山1号	Gm04 2CC2201A50G44004GGN	
Gm05	华疆4号	Gm05 102C40G2150J04000MAP		Gm06	金源55号	Gm06 22C2208148J4M00048P	
Gm07	圣豆43号	Gm07 102C42010D0G0M000E8T		Gm08	金杉4号	Gm08 82C600R150J0M000M8P	

表 2 - 4(续 1)

编码	品种	品种身份证条形码	二维码	编码	品种	品种身份证条形码	二维码
Gm09	建农19 号	Gm09 28C2201950J0M000CRY		Gm10	垦豆92 号	Gm10 83G6201A6MGGM00G78Y	
Gm11	龙达3 号	Gm11 102C6301A54J0M000GRP		Gm12	龙北5 号	Gm12 2AC22G1A5CJ040004TY	
Gm13	嫩芽3 号	Gm13 1224600G14GJ040006GP		Gm14	新品1 号	Gm14 4AC2001948J0M000GTP	
Gm15	有机豆1152 号	Gm15 22C2201A50J0M0002TP		Gm16	蒙豆15 号	Gm16 10A46301948J0M000MGN	
Gm17	9302 号	Gm17 10JC6290149J44000MRN		Gm18	46 号	Gm18 2AC2201950J0M000MT6	
Gm19	多收31A1 号	Gm19 102C620C158J0M0004TP		Gm20	丰收27 号	Gm20 10242J0R154J44002PRP	
Gm21	环山1 号	Gm21 102C4301958J0M0006TP		Gm22	东亿61 号	Gm22 AAR3200D50J0M0006GP	
Gm23	九研13 号	Gm23 22C2301950J0M0006TP		Gm24	浓农2 号	Gm24 102C40010Q0J44000M8P	
Gm25	68 号	Gm25 82R4208250J0M000GGP		Gm26	69 号	Gm26 22C0J0R150J44000GGP	
Gm27	71 号	Gm27 10GC4202050J140006JQ		Gm28	垦农30 号	Gm28 1021Y2080N0JGM000MPP	
Gm29	无白01 号	Gm29 22C42018K0R24000M4P		Gm30	黑河52 号	Gm30 22C22018N0J0M000J8X	
Gm31	东农253 号	Gm31 2CC2208128J0M0006RY		Gm32	黑河43 号	Gm32 2EC22018N0G0GG00P8P	
Gm33	合农95 号	Gm33 2E04201950J0400148Y		Gm34	北豆26 号	Gm34 102C4201950J04RG0M8Y	

表 2 −4(续 2)

编码	品种	品种身份证条形码	二维码	编码	品种	品种身份证条形码	二维码
Gm35	中黄901 号	Gm35 102C41G1950J140004RP		Gm36	昊疆14 号	Gm36 102C4141A50J0M0002RP	
Gm37	龙垦3075 号	Gm37 10EC43M194GPH400048P		Gm38	大地11 号	Gm38 2EC4201950G0M000PRP	
Gm39	金丰1 号	Gm39 111G09M1A58G0PG002TP		Gm40	北亿901 号	Gm40 10AC40B00ATP4400048P	
Gm41	东庆9 号	Gm41 10JC4200950G020004SY		Gm42	东升7 号	Gm42 102C0A0815GG440002AP	
Gm43	丰研1 号	Gm38 2EC4201950G0M000PRP		Gm44	富强5 号	Gm39 111G09M1A58G0PG002TP	
Gm45	广民5 号	Gm40 10AC40B00ATP4400048P		Gm46	佳豆18 号	Gm41 10JC4200950G020004SY	
Gm47	龙达130 号	Gm42 102C0A0815GG440002AP		Gm48	蒙豆173 号	Gm43 113808G1B50G0P0002AP	
Gm49	鑫农13 号	Gm44 10AC4201950G0M4004GP		Gm50	登科8 号	Gm45 A443GG94MJ04000G8P	
Gm51	华菜豆2 号	Gm46 2JC4201B5GJ140080RP		Gm52	南繁6 号	Gm47 10AC42G1950J040002GP	
Gm53	品种1092 号	Gm48 102C4201A6AG042604GP		Gm54	江农416 号	Gm49 103G4201950J040004H6	
Gm55	6088 号	Gm50 2AC4201950G0400048Y		Gm56	北亚109 号	Gm51 82C42G19Q00G0400028P	
Gm57	北兴4 号	Gm52 102C2201950G0G180M8P		Gm58	贺丰6 号	Gm53 102C2201A50G04T004GP	
Gm59	恒豆15 号	Gm54 102C2301950K0M0004GP		Gm60	扩豆8 号	Gm55 J2C0A08150G41TH04GP	

表 2 - 4(续 3)

编码	品种	品种身份证条形码	二维码	编码	品种	品种身份证条形码	二维码
Gm61	来豆 1 号	Gm56 10AC4201950G040002GP		Gm62	70 号	Gm57 10FG420094AJ04000GMP	
Gm63	72 号	Gm58 102C4201A30G04000PMP		Gm64	73 号	Gm59 102C4100950G040006GP	
Gm65	东升 10 号	Gm60 102C4200950G8400048P		Gm66	无白 02 号	Gm61 102C0601950G0M0004RY	
Gm67	克山 1 号	Gm62 10JC4201150J140004GP		Gm68	黑河 53 号	Gm63 8AC4200A48J040004GP	

2.3.4　大豆溯源体系的构建与应用

1. DNA 检测

系统能够根据给定大豆 DNA 编码,检测与已知大豆序号或者与大豆品种相似的样本。

```
/**
  * 对从 Excel 表格读取到的数据进行操作
  * $data 从 Excel 表格读取到的数据
  */
protected function doExcel( $data){
    $num = 0;
    $strs = array();
    $strs["null"] = [[]];
    $nums = 0;
    foreach( $data as $key = > $v){
        $str = '';
        for( $i =0; $i < count( $v); $i + +){
            if( $i = =0){
                $strs[ $nums]["name"] = $v[ $i];
            }else{
                $str. = $v[ $i];
            }
```

```
        }
        $strs[$nums]["str"] = $str;
        $str = trimall($str);
        if(!empty($str)){
            $num ++;
        }
        $nums = $nums + 1;
    }
    if($num == 0){
        $results["code"] = 0;
    }else{
        array_splice($strs,0,1);
        $result = $this->getSimilar($strs);
        //dump($result);
        $results["code"] = 1;
        $results["data"] = $this->doMax($strs,$result);
    }
    return $results;
}


/**
 * 将 Excel 表格数据与数据库数据进行对比,求出相似度
 * $datas Excel 表格数据
 */
protected function getSimilar($datas){
    $dandata = $this->getDnaData();
    $result["null"] = [[]];
    for($i=0;$i<count($datas);$i++){
        $result[$i]["name"] = $datas[$i]["name"];
        $data = $datas[$i]["str"];
        foreach($dandata as $key=>$v){
            $result[$i][$key]["name"] = $v[1];
            for($n=0;$n<40;$n++){
                if(substr($data,$n,1) == $v[$n+2]){
                    $result[$i][$key]["num"] ++;
                }
            }
        }
```

```
        }
    array_splice( $ result,0,1);
     $ results = $ this − >getMax( $ result);
    return $ results;
    }
```

2. 检测体系

系统根据用户提供的待检测大豆的 DNA 编码与数据库中的不同品种的大豆 DNA 编码进行匹配:如果完全匹配,给出大豆品种的相关信息;如果不完全匹配, 给出相似度及不匹配项。

2.4 小   结

传统的大豆品种鉴定一般采用形态学标记进行,鉴定周期长,效率低。随着大豆育成品种种质间的相互渗透,品种间亲缘关系越来越近,造成农艺性状差异越来越小。DNA 指纹技术鉴定品种的真实性和纯度可以避免受外部环境或作物发育阶段等因素的影响,能很好地用于品种鉴定。通过研究发现,进样的聚合酶链式反应(PCR)扩增产物浓度不同,则一个引物扩增的带型多,有利于展现品种间的多样性,提高鉴别的准确度,但同时增加了记录带型的难度。如果将某位点扩增出的 4 个片段分别记录并赋值,那么转换后的 DNA 指纹码的长度将大大增加,最终导致品种的分子身份证过长,为生产实践带来不便。为此,将荧光毛细管电泳中某个位点出现的小峰简化记录或不同引物的 PCR 扩增产物叠加的干扰,使得毛细管电泳峰值出现偏差。因此,有必要进一步调整优化荧光毛细管电泳的试验条件,优化部分 SSR 标记 DNA 指纹检测技术体系。

采用 17 个标记对 101 份大豆材料进行多样性分析,共得到 98 个等位变异,各位点等位变异的数目变化从 2(Sat_294、Sat_387)到 13(Sat_128),平均每个位点等位变异的数目为 6.125,各位点多态信息量变化从 0.002 034(Satt138)到 0.923 669(Satt453),平均多态信息含量为 0.548 955。所采用的 68 份材料来自不同地理区域,材料来源广、地理差异大,由此积累的材料间变异是 SSR 标记变异如此丰富的主要原因,该研究材料当中存在不同种植地区的相同品种,在试验数据中部分有所区别,可能是因为纯度问题或者环境造成的变异。

本章利用 SSR 分子标记对黑龙江省采集的大豆资源进行分析,构建了各种质资源的 SSR 分子标记指纹图谱,有望为黑龙江省大豆种质资源的保存及筛选提供理论基础。

第 3 章　大豆脂肪酸指纹图谱的构建

3.1　研究概述

有机成分指纹分析技术是一种有效的食品质量追溯技术。植源性农产品由于受地理环境(气候、温度、水分、土壤、日照等因素)的影响,农产品中的脂肪酸、蛋白质、水分、糖类和维生素等有机成分含量差异显著,地域来源不同、品种不同,也会造成农产品有机成分组成和含量的显著差异,从而形成不同特征的品种指纹图谱。通过对农产品的不同品种和不同域特征的有机成分分析,可建立农产品品种特征指标指纹数据库,用来界定农产品各项指标的好坏、判断食品外在环境等因素,对鉴别名优特产品起到技术支撑作用。研究表明,大豆中含有大量的多种脂肪酸,且因为大豆品种、生长地理环境不同,其所含脂肪酸的种类和含量也略微存在差异。不同地域来源的农产品中脂肪酸含量具有各自的分布特征,通过这些差异可对不同地域来源的食品进行区分,对原产地农产品的产地溯源起到支撑作用。

本章以黑龙江省大豆主产地大豆品种为对象,利用大豆脂肪酸种类及含量和大豆营养成分含量构建大豆品种鉴别体系,通过鉴别大豆品种,确定大豆的产地来源,保护地区性产品。为方便大豆品种鉴别及管理,本章提出基于大豆脂肪酸结合大豆营养成分和商品信息构建大豆品种码的新思路,对黑龙江省种植的大豆种子、盆栽场种植的收获期大豆和主产地种植的收获期大豆的脂肪酸及其营养成分含量进行研究(共 327 个样品)。首先分析了大豆后熟过程对大豆脂肪酸含量的影响,为生理成熟期大豆品种身份识别提供参考;采用气相色谱分析技术对大豆脂肪酸进行定性定量检测;构建大豆品种脂肪酸指纹,通过方差分析,对大豆脂肪酸及其营养成分应用于品种鉴别的可行性进行探讨;通过对配对样品进行 t 检验,筛选出用于大豆品种鉴别的有效指标,确定构成核心标记组的大豆脂肪酸,并利用VLOOKUP 公式建立大豆脂肪酸与大豆品种一一对应的体系;在此基础上,与大豆基本信息和营养成分相结合,并进行数字编码,通过条码转换器,构建大豆品种码。

3.2   材料与方法

3.2.1   大豆后熟期脂肪酸变化

1. 试验样品

以我国综合性状优良的黑龙江地区主栽大豆品种中有代表性的 12 个品种的大豆进行试验。12 个品种分别是丰收 25 号、农垦 332 号、东升 1 号、华疆 4 号、北豆 47 号、黑科 56 号、北豆 41 号、东农 48 号、克山 1 号、元禾 666 号、黑河 7 号、黑河 43 号。

2. 材料与试剂

本试验所用主要试剂、级别及厂家见表 3 - 1。

表 3 - 1   主要试剂及厂家

试剂	级别	厂家
氢氧化钠	分析纯	天津科密欧化学试剂有限公司
氯化钠	分析纯	天津市鼎盛新化学试剂有限公司
甲醇	色谱纯	美国天地公司
三氟化硼甲醇溶液	质量分数14%	上海麦克林生化科技有限公司
无水硫酸钠	分析纯	天津市大茂化学试剂厂
异辛烷	色谱纯	北京化学试剂研究所
超纯水	18.2 MΩ·cm	自制
氮气	含氧量 4 mg/kg	大庆宏伟庆化石油化工有限公司

3. 主要仪器设备

本试验所用主要仪器设备、型号及厂家见表 3 - 2。

表 3-2　主要仪器设备、型号及厂家

仪器设备	型号	厂家
超纯水设备	TKA - Genpure	德国 TKA 公司
电热恒温鼓风干燥箱	DHG - 9123A 型	南京建成生化试剂公司
高速万能粉碎机	BDW1 - FW - 100	Takara 公司
气相色谱 - 质谱联用仪	GCMS - QP2010Ultra	日本岛津公司
电子天平	TB - 4002	湖北孝感亚光医用电子有限公司

4. 试验方法

（1）样品来源

采摘田间成熟的大豆，此时大豆为收获成熟期，将每一品种大豆分为两份，一份样品采摘后立即进行大豆脂肪酸含量的测定，将另一份大豆样品放置在通风干燥处两个月（大豆后熟期为一个半月到两个月，大豆放置两个月可确定大豆完成后熟过程），测其内部各脂肪酸含量。

（2）样品前处理

将大豆进行去壳处理，挑出大豆样品中的石子、杂草、虫害粒，然后将大豆用清水洗干净，再用超纯水冲洗若干遍，在电热恒温鼓风干燥箱内 70 ℃烘干 9 h 至恒重。最后得到净大豆，在每份样品中取出 20 g，用高速多功能粉碎机粉碎，过 80 目筛，制得大豆全粉，将其装入自封袋中保存，待用。

（3）粗脂肪的提取

称取大豆粉 4.5 g 左右，利用脂肪测定仪提取大豆油。

（4）甲酯化方法

准确称取 0.2 g 大豆油脂，置于 50 mL 磨口三角瓶中，加入 4 mL 0.5 mol/mL 的氢氧化钠甲醇溶液，接上冷凝管，从冷凝管上部向三角瓶中导入 1 min 的氮气。排除三角瓶中的空气，在 75 ℃水浴条件下冷凝回流，每 45 s 轻轻摇晃三角瓶，直至油滴完全消失，此时从冷凝管上端加入 5 mL 三氟化硼甲醇溶液于沸腾的溶液里，继续煮沸 3 min，接着从冷凝管上端加入 3 mL 异辛烷于沸腾的溶液里。取下冷凝器，从水浴锅中拿出三角瓶，立即加入 20 mL 饱和氯化钠溶液，塞住三角瓶口，剧烈振摇 15 s，继续加饱和氯化钠溶液至三角瓶瓶口，静置分层，待分层后取上层异辛烷溶液 2 mL 于 5 mL 的具塞玻璃瓶中，用于脂肪酸测定。空白样品使用同样的甲酯化方法。

（5）色谱条件

利用气相色谱－质谱联用仪对大豆脂肪酸进行定性定量分析,检测分析色谱条件为汽化室温度250 ℃,接口温度250 ℃,载气为高纯氦气,流速1.9 mL/min,色谱柱为美国安捷伦公司的 DB－23,规格为30 m×0.25 mm×0.25 μm,柱温为程序升温,初始温度设为50 ℃,保持1 min,然后以25 ℃/min 的速度升至180 ℃,再以2 ℃/min 的速度升至230 ℃,并保持5 min,吹扫流量3 mL/min,进样体积1 μL,分流比1∶30。质谱条件为离子源温度220 ℃,四极杆温度150 ℃,EI 为70 eV,扫描范围为29～500 m/z,容积延迟为5 min。

（6）数据分析方法

根据《大豆油》(GBT/T 1535—2017),结合保留指数和保留时间对大豆主要脂肪酸进行定性分析,采用面积归一化法对大豆10种脂肪酸进行定量分析,输入 Excel 表格。用 SPSS 20.0 软件对大豆脂肪酸相对含量进行方差分析(单因素方差分析、配对样品 t 检验),分析大豆脂肪酸在大豆后熟期前后的变化规律。

（7）大豆脂肪酸图谱获取

将甲酯化后的样品在上述色谱、质谱条件下利用气相色谱－质谱联用仪进行脂肪酸定性定量分析,获取每个大豆品种的脂肪酸指纹图谱。

3.2.2　大豆脂肪酸指纹分析

1. 试验样品

黑龙江省哈尔滨、齐齐哈尔、黑河、佳木斯四个大豆主产地区主栽品种的大豆种子和在不同环境条件下种植收获期的大豆。

2. 主要试剂材料

所用试剂材料的主要信息见表3－1。

3. 主要仪器设备

所用仪器设备的主要信息见表3－2。

4. 试验方法

（1）大豆样品试验田设计

将109份不同品种的大豆种植于国家杂粮工程技术研究中心的盆栽场(大庆,2016 年),土壤来源于大豆种子对应产地的地号,浇水、施肥与病虫防治等方面保持种植条件与主产地种植条件基本一致。

（2）大豆样品采集

供试材料来源于2015 年黑龙江省主要的4 个大豆主产地区的大豆品种,共

109 个,其中大豆主产地区哈尔滨主栽品种有 11 个,大豆主栽地区佳木斯农场主栽品种有 10 个,大豆主栽地区齐齐哈尔主栽品种有 9 个,大豆主栽地区黑河品种有 79 个。大豆种子均由各地区种子库提供,作为第一批样品(本书称大豆种子)。将在国家杂粮工程技术研究中心(大庆)盆栽场种植的大豆在收获成熟期进行采摘,作为第二批样品(本书称盆栽场种植大豆)。2016 年从各主产地区采摘田间收获成熟的大豆,作为第三批样品(本书称主产区种植大豆)。每个采样地区按东、西、南、北、中 5 个区域布点,每个区域选择 5 个采样点,采集田间收获成熟期的大豆籽粒,记录样品采集信息并且编号。每份样品采集量为 1 kg。4 个主产地区共采集 109 个大豆样品,具体采样情况见表 3 - 3。

表 3 - 3　大豆种子样本地域来源

市	县(市)	大豆品种	样本数	总计
黑河	嫩江	黑河 1 号、东升 1 号、华疆 2 号、北江 9 - 1 号、北豆 29 号、克山 1 号、北豆 14 号、黑河 24 号、垦鉴豆 27 号、北豆 10 号、华疆 4 号、黑河 7 号、蒙 1001 号、东农 48 号、垦丰 22 号、垦豆 41 号、龙垦 332 号、合农 95 号、垦亚 56 号、丰收 25 号	20	79
	北安	北豆 47 号、登科 1 号、北豆 10 号、北豆 5 号、北豆 43 号、北豆 41 号、北豆 40 号、黑河 18 号、东升 7 号、登科 5 号、黑农 60 号、黑农 67 号、金源 55 号、北汇豆 1 号、黑河 43 号、华疆 2 号、黑河 45 号、黑河农科研 6 号、黑河 35 号、北豆 42 号、北豆 28 号、九研 4 号、东富 1 号	23	
	五大连池	黑河 43 号、黑河 34 号、克山 1 号、嫩奥 1092 号、东升 7 号、登科 5 号、北豆 10 号、北豆 42 号、北豆 40 号、北豆 43 号、黑河 56 号、云禾 666 号、华疆 4 号、东农 48 号、北汇豆 1 号、北豆 5 号	16	
	逊克	黑河 43 号、克山 1 号、垦鉴 27 号、北豆 36 号、华疆 2 号、北豆 16 号、黑河 30 号、黑河 35 号、黑河 45 号、黑河 48 号	10	
	爱辉区	黑河 43 号(2 份)、黑科 56 号、北豆 34 号、东升 7 号、登科 5 号、九研 4 号、东富 1 号、登科 1 号、黑河 52 号	10	

表 3 - 3（续）

市	县（市）	大豆品种	样本数	总计
齐齐哈尔	讷河	东升 2 号、黑农 48 号	2	9
	克山	绥农 26 号、黑农 68 号	2	
	拜泉	黑河 36 号、垦农 18 号	2	
	克东	克山 1 号	1	
	甘南	黑河 43 号	1	
	依安	北豆 34 号	1	
佳木斯	富锦	东升 2 号、北豆 5 号、北豆 40 号	3	10
	同江	北疆龙 1 号、东升 3 号、华疆 6415 号	3	
	抚远	黑河 43 号、垦鉴 29 号	2	
	桦南	垦鉴 27 号、北豆 42 号	2	
哈尔滨	巴彦	龙垦 337 号、和丰 55 号、垦丰 16 号	3	11
	依兰	龙垦 331 号、东农 52 号、垦农 35 号	3	
	宾县	垦丰 20 号、黑农 35 号	2	
	五常	吉育 401 号、垦保 1 号	2	
	呼兰	龙垦 335 号	1	

大豆样品前处理、粗脂肪的提取、大豆油脂的提取、甲酯化方法、大豆油甲酯化处理色谱条件、数据分析方法和获取大豆脂肪酸指纹图谱的方法同上。

3.2.3　大豆营养成分指纹分析

1. 试验样品

所用试验样品同 3.2.2。

2. 主要试剂

所用试剂材料的主要信息见表 3 - 4。

表 3 - 4　主要试剂及厂家

试剂	规格	厂家
石油醚	分析纯，沸程 30 ~ 60 ℃	天津市康科德科技有限公司
乙酸镁	分析纯	天津大茂化学试剂有限公司
超纯水	18.2 MΩ·cm	自制

3. 主要仪器设备

本试验所用主要仪器设备、型号及厂家见表 3 – 5。

表 3 – 5　主要仪器设备、型号及厂家

仪器设备	型号	厂家
福斯谷物分析仪	NIRS DA 1650	北京福斯华科贸有限公司
脂肪分析仪	SZF – 06 系列	上海洪纪仪器设备有限公司
电子天平	TB – 4002	北京赛多利斯科学仪器有限公司
快速水分测定仪	CSY – L8	深圳市芬析仪器制造有限公司
马弗炉	SX – 2.5 – 10	上海洪纪仪器设备有限公司
高速万能粉碎机	BDW1 – FW – 100	Takara 公司
电热恒温鼓风干燥箱	DHG – 9123A 型	南京建成生化试剂公司

4. 试验方法

将大豆重新烘干至恒重。每个样品中取出 30 g，用高速多功能粉碎机粉碎，过 80 目筛，制得大豆全粉，装入自封袋中保存、待用。营养成分含量检测方法：利用福斯谷物分析仪进行蛋白质含量测定，根据《食品安全国家标准　食品中灰分的测定》（GB 5009.4—2010）进行灰分含量测定，利用脂肪分析仪进行粗脂肪含量测定，利用快速水分测定仪进行水分含量测定。利用 SPSS 20.0 软件对大豆营养成分含量进行方差分析（单因素方差分析、配对样品 t 检验），筛选大豆品种鉴别的有效指标。

3.2.4　大豆品种身份构建的数据分析

将大豆品种鉴别的有效指标含量输入 Excel 表格中，根据 VLOOKUP 公式进行编程，将大豆品种的顺序码转换成 36 进制，作为大豆品种的编码，需结合大豆商品基本信息，建立大豆品种数字编码，利用转换器转换成条形码和二维码。

3.3　结果与分析

3.3.1　大豆后熟期脂肪酸含量变化

利用气相色谱－质谱联用仪测定了12个大豆品种中大豆后熟期前后主要脂肪酸,10种脂肪酸标准品色谱图如图3－1所示。收获成熟期和生理成熟期大豆脂肪酸指纹图谱如图3－2所示,根据保留时间和保留指数对各脂肪酸进行定性分析。

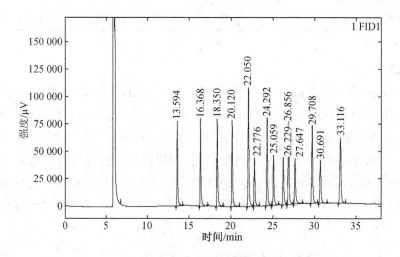

图3－1　标准品色谱图

注:图中色谱峰从小到大依次为、肉豆蔻酸(8.862)、棕榈酸(11.361)、十七烷酸(13.051)、硬脂酸(15.102)、油酸(15.554)、顺－13－十八烯酸(15.697)、亚油酸(16.651)、亚麻酸(18.177)、花生酸(20.11)、山嵛酸(26.055)。

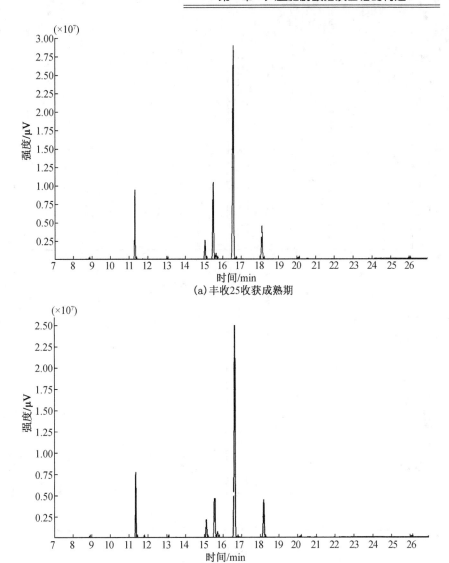

(a) 丰收25收获成熟期

(b) 丰收25生理成熟期

图 3 - 2　大豆脂肪酸指纹图谱

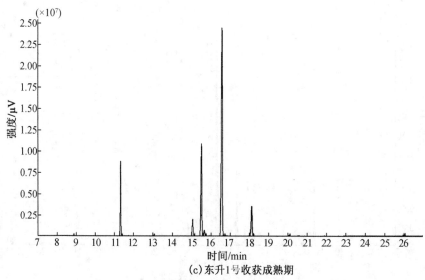

(c)东升1号收获成熟期

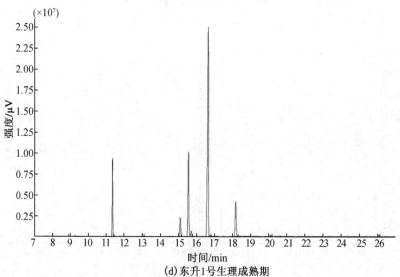

(d)东升1号生理成熟期

图 3−2(续1)

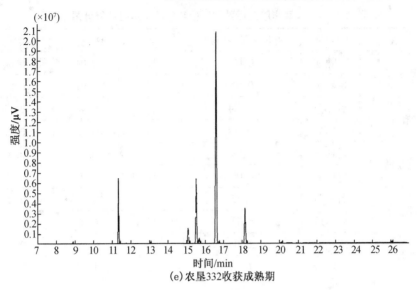

(e)农垦332收获成熟期

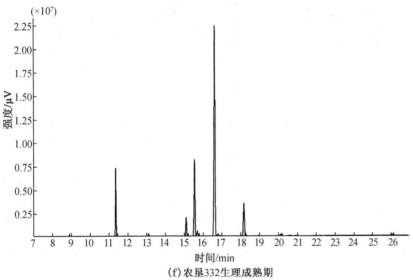

(f)农垦332生理成熟期

图 3 – 2(续 2)

　　对大豆脂肪酸后熟前后含量进行配对样本 t 检验,检测数据为 3 次平行试验的平均值。运用 SPSS 20.0 软件进行配对 t 检验分析,置信区间为 95%,临界水平 $a = 0.05$,数据分析结果见表 3 – 6、表 3 – 7。

表3-6 大豆脂肪酸后熟前后检测结果基本描述统计量

脂肪酸	成熟期	相对含量均值/%	N	标准差/%	均值的标准误
肉豆蔻酸	后熟前	0.06	12	0.01	0.00
	后熟后	0.07	12	0.01	0.00
棕榈酸	后熟前	11.24	12	0.40	0.12
	后熟后	11.59	12	0.43	0.12
十七烷酸	后熟前	0.08	12	0.01	0.00
	后熟后	0.09	12	0.01	0.00
硬脂酸	后熟前	4.55	12	0.76	0.22
	后熟后	4.52	12	0.89	0.26
油酸	后熟前	20.04	12	1.84	0.53
	后熟后	20.21	12	1.82	0.53
顺-13-十八烯酸	后熟前	1.29	12	0.10	0.03
	后熟后	1.31	12	0.10	0.03
亚油酸	后熟前	54.04	12	1.95	0.56
	后熟后	53.51	12	1.91	0.55
亚麻酸	后熟前	8.21	12	0.85	0.25
	后熟后	8.12	12	0.94	0.27
花生酸	后熟前	0.31	12	0.06	0.02
	后熟后	0.31	12	0.06	0.02
山嵛酸	后熟前	0.35	12	0.04	0.01
	后熟后	0.30	12	0.04	0.01

　　由表3-6可以看出,大豆脂肪酸收获成熟期(后熟前)肉豆蔻酸、棕榈酸、十七烷酸、硬脂酸、油酸、顺-13-十八烯酸、亚油酸、亚麻酸、花生酸、山嵛酸检测结果的均值分别为0.06%、11.24%、0.08%、4.55%、20.04%、1.29%、54.04%、8.21%、0.31%、0.35%;大豆脂肪酸生理成熟期(后熟后)肉豆蔻酸、棕榈酸、十七烷酸、硬脂酸、油酸、顺-13-十八烯酸、亚油酸、亚麻酸、花生酸、山嵛酸检测结果的均值分别为0.07%、11.59%、0.09%、4.52%、20.21%、1.31%、53.51%、8.12%、0.31%、0.30%。收获成熟期标准差分别为0.01%、0.40%、0.01%、0.76%、1.84%、0.10%、1.95%、0.85%、0.06%、0.04%;生理成熟期标准差分别为0.01%、0.43%、0.01%、0.89%、1.82%、0.01%、1.91%、0.94%、0.06%、0.04%。肉豆蔻

酸、十七烷酸、顺 – 13 – 十八烯酸标准差最小,说明大豆前 10 种主要脂肪酸中肉豆蔻酸、十七烷酸、顺 – 13 – 十八烯酸波动性相对较小,再现性、精密度较好,在建立追溯体系中有利于结果的复现。

表 3 – 7　大豆脂肪酸后熟前后样本 t 检验结果

脂肪酸	成熟期	成对差分							
		相对含量均值/%	标准差	均值的标准误	差分的95%置信区间		t 值	df	Sig.(双侧)
					下限	上限			
肉豆蔻酸	后熟前 – 后熟后	– 0.01	0.01	0.00	– 0.01	– 0.00	– 3.92	11	0.00
棕榈酸	后熟前 – 后熟后	– 0.35	0.21	0.06	– 0.48	– 0.22	– 5.92	11	0.00
十七烷酸	后熟前 – 后熟后	– 0.01	0.01	0.00	– 0.01	– 0.00	– 2.69	11	0.02
硬脂酸	后熟前 – 后熟后	0.03	0.38	0.11	– 0.21	0.28	0.29	11	0.77
油酸	后熟前 – 后熟后	– 0.17	0.71	0.20	– 0.62	0.28	– 0.85	11	0.42
顺 – 13 – 十八烯酸	后熟前 – 后熟后	– 0.02	0.03	0.01	– 0.04	0.00	– 1.85	11	0.09
亚油酸	后熟前 – 后熟后	0.53	0.74	0.21	0.06	1.00	2.47	11	0.03
亚麻酸	后熟前 – 后熟后	0.09	0.30	0.09	– 0.10	0.28	1.04	11	0.32
花生酸	后熟前 – 后熟后	0.00	0.04	0.01	– 0.02	0.02	0.25	11	0.81
山嵛酸	后熟前 – 后熟后	– 0.01	0.04	0.01	– 0.04	0.02	– 0.76	11	0.46

由表 3 – 7 可以看出,在大豆后熟期前后,肉豆蔻酸、棕榈酸、十七烷酸、亚油酸差异显著。大豆脂肪酸合成的前体物是乙酰辅酶 A,在乙酰辅酶 A 羧化酶和脂肪酸合成酶的作用下形成脂肪酸。在大豆后熟过程中,经过数次的聚合反应后,肉豆蔻酸、棕榈酸、十七烷酸相对含量与后熟过程呈显著正相关,肉豆蔻酸相关系数为 0.85,棕榈酸相关系数为 0.88,十七烷酸相关系数为 0.43,有个别样品的肉豆蔻酸、棕榈酸、十七烷酸相对含量没有变化,推测采摘时大豆已达到了生理成熟状态。在大豆脂肪酸形成的过程中,油酸在脂肪酸脱氢酶的作用下形成亚油酸,亚油酸继续在脂肪酸脱氢酶的作用下形成亚麻酸。亚油酸与亚麻酸相对含量成正相关,与油酸相对含量呈负相关。由此可知,大豆后熟过程对硬脂酸、油酸、顺 – 13 – 十八烯酸、亚麻酸、花生酸、山嵛酸相对含量影响较小,与肉豆蔻酸、棕榈酸、十七烷酸相对含量呈显著正相关,与亚油酸相对含量无显著的相关性。

3.3.2　大豆脂肪酸指纹图谱

1.大豆脂肪酸指纹图谱的构建

按照大豆脂肪酸含量分析的结果,建立 109 种大豆脂肪酸指纹图谱。以黑河地区黑河 1 号为例,大豆种子大豆脂肪酸指纹图谱如图 3－3 所示、盆栽场种植收获期大豆脂肪酸指纹图谱如图 3－4 所示,主产地种植的收获期大豆脂肪酸指纹图谱及信息分别如图 3－5、表 3－8 所示。

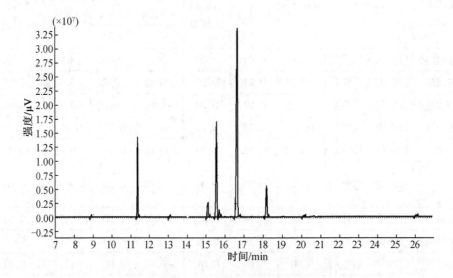

图 3－3　黑河 1 号大豆种子大豆脂肪酸指纹图谱

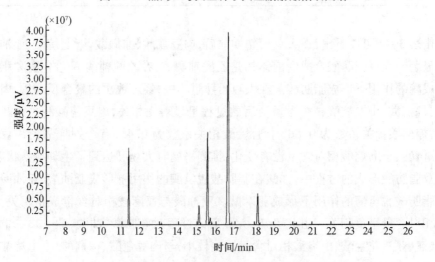

图 3－4　黑河 1 号盆栽场种植大豆脂肪酸指纹图谱

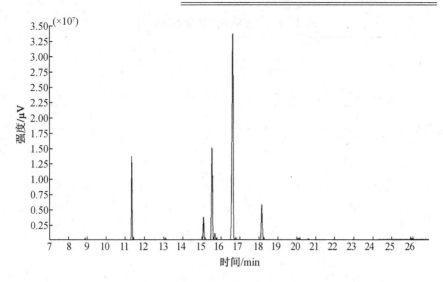

图 3 - 5　黑河 1 号主产地种植的收获基期大豆脂肪酸指纹图谱

表 3 - 8　黑河 1 号主产地种植的收获期大豆脂肪酸信息

峰序号	组分名称	保留指数	保留时间/min	相对质量分数/%		
				大豆种子	盆栽场种植	主产地种植
1	肉豆蔻酸	1 680	8. 862	0. 06	0. 06	0. 06
2	棕榈酸	1 878	11. 361	10. 85	10. 85	10. 30
3	十七烷酸	1 914	13. 051	0. 07	0. 07	0. 07
4	硬脂酸	2 077	15. 102	3. 92	3. 54	4. 00
5	油酸	2 085	15. 554	22. 45	24. 12	18. 48
6	顺 - 13 - 十八烯酸	2 085	15. 697	1. 43	1. 63	1. 41
7	亚油酸	2 093	16. 651	52. 34	52. 94	55. 25
8	亚麻酸	2 101	18. 177	10. 92	9. 12	9. 92
9	花生酸	2 276	20. 110	0. 28	0. 23	0. 26
10	山嵛酸	2 475	26. 055	0. 31	0. 28	0. 25

2. 黑龙江省大豆脂肪酸含量差异及组成特征

分别对来自黑龙江省 4 个主产地区主栽品种的大豆种子和各主栽品种在当地种植的收获期大豆,进行 10 种脂肪酸含量多重比较分析,结果见表 3 - 9、表3 - 10。

表 3 – 9 大豆种子脂肪酸差异分析

脂肪酸	指标	主产地区			
		哈尔滨	黑河	佳木斯	齐齐哈尔
肉豆蔻酸	均值 ± 标准差	$0.07^a \pm 0.01$	$0.07^b \pm 0.01$	$0.06^b \pm 0.01$	$0.07^b \pm 0.01$
	变幅	0.06 ~ 0.09	0.05 ~ 0.08	0.06 ~ 0.07	0.06 ~ 0.07
	变异系数/%	12.92	10.05	7.51	7.58
	显著性	0.41			
棕榈酸	均值 ± 标准差	$3.80^{ab} \pm 0.35$	$4.08^a \pm 0.33$	$4.20^b \pm 0.20$	$4.40^{ab} \pm 0.36$
	变幅	11.20 ~ 12.63	10.12 ~ 12.92	10.68 ~ 12.75	10.70 ~ 12.85
	变异系数/%	4.28	4.73	5.37	5.28
	显著性	0.37			
十七烷酸	均值 ± 标准差	$0.09^a \pm 0.01$	$0.07^b \pm 0.01$	$0.10^c \pm 0.01$	$0.10^d \pm 0.01$
	变幅	0.07 ~ 0.10	0.10 ~ 0.12	0.08 ~ 0.12	0.08 ~ 0.12
	变异系数/%	7.85	13.91	10.23	10.88
	显著性	0.00			
硬脂酸	均值 ± 标准差	$3.80^a \pm 0.35$	$4.08^b \pm 0.33$	$4.20^c \pm 0.20$	$4.40^d \pm 0.36$
	变幅	3.19 ~ 4.45	3.32 ~ 4.91	3.76 ~ 4.53	3.85 ~ 4.99
	变异系数/%	9.15	7.99	4.65	7.88
	显著性	0.00			
油酸	均值 ± 标准差	$8.32^a \pm 0.61$	$9.15^b \pm 0.93$	$9.52^c \pm 0.58$	$8.84^c \pm 0.54$
	变幅	16.44 ~ 21.33	17.41 ~ 23.78	18.42 ~ 23.11	18.21 ~ 21.99
	变异系数/%	6.75	5.74	6.57	5.47
	显著性	0.42			
顺 – 13 – 十八烯酸	均值 ± 标准差	$0.35^a \pm 0.04$	$0.34^b \pm 0.05$	$0.39^c \pm 0.05$	$0.38^d \pm 0.05$
	变幅	1.37 ~ 1.70	1.19 ~ 1.64	1.23 ~ 1.54	1.26 ~ 1.73
	变异系数/%	6.51	6.14	5.23	8.37
	显著性	0.00			
亚油酸	均值 ± 标准差	$8.32^a \pm 0.61$	$9.15^b \pm 0.93$	$9.52^c \pm 0.58$	$8.84^b \pm 0.54$
	变幅	51.44 ~ 56.67	43.12 ~ 55.52	50.63 ~ 53.93	50.09 ~ 54.39
	变异系数/%	2.47	3.53	2.20	1.93
	显著性	0.12			

表 3 - 9(续)

脂肪酸	指标	主产地区			
		哈尔滨	黑河	佳木斯	齐齐哈尔
亚麻酸	均值 ± 标准差	$8.32^a \pm 0.61$	$9.15^b \pm 0.93$	$9.52^c \pm 0.58$	$8.84^d \pm 0.54$
	变幅	7.30 ~ 9.16	6.25 ~ 10.92	8.73 ~ 10.49	7.95 ~ 9.52
	变异系数/%	7.28	10.12	5.94	5.94
	显著性	0.01			
花生酸	均值 ± 标准差	$0.31^a \pm 0.03$	$0.30^b \pm 0.04$	$0.34^c \pm 0.03$	$0.34^a \pm 0.04$
	变幅	0.25 ~ 0.38	0.22 ~ 0.45	0.28 ~ 0.39	0.30 ~ 0.43
	变异系数/%	10.68	14.85	9.47	10.39
	显著性	0.00			
山嵛酸	均值 ± 标准差	$0.35^a \pm 0.04$	$0.34^b \pm 0.05$	$0.38^c \pm 0.05$	$0.38^d \pm 0.05$
	变幅	0.29 ~ 0.45	0.22 ~ 0.48	0.32 ~ 0.48	0.32 ~ 0.48
	变异系数/%	10.02	16.08	12.77	12.38
	显著性	0.00			

注:同行数据比较,含有相同字母表示差异不显著($p \geqslant 0.05$),字母完全不同表示差异显著($p < 0.05$)。

从表 3 - 9 可以看出,大豆种子中十七烷酸、硬脂酸、顺 - 13 - 十八烯酸、亚麻酸、花生酸、山嵛酸含量在地域间有显著性差异,肉豆蔻酸、棕榈酸、油酸、亚油酸含量在地域间存在差异,但差异不显著,脂肪酸变异系数最大为 16.08%(山嵛酸,黑河地区的大豆品种),说明在同一地区不同乡镇种植的大豆种子的脂肪酸含量也存在差异。

表 3 - 10　主产地区种植大豆脂肪酸含量差异分析

脂肪酸	指标	主产地区			
		哈尔滨	黑河	佳木斯	齐齐哈尔
肉豆蔻酸	均值 ± 标准差	$0.07^a \pm 0.01$	$0.07^b \pm 0.01$	$0.07^a \pm 0.01$	$0.07^a \pm 0.01$
	变幅	0.06 ~ 0.08	0.05 ~ 0.09	0.06 ~ 0.08	0.06 ~ 0.08
	变异系数/%	10.55	10.93	8.31	10.70
	显著性	0.22			

表 3 –10(续 1)

脂肪酸	指标	主产地区			
		哈尔滨	黑河	佳木斯	齐齐哈尔
棕榈酸	均值 ± 标准差	$3.50^a \pm 0.29$	$3.97^b \pm 0.38$	$4.09^b \pm 0.46$	$4.80^c \pm 0.67$
	变幅	10.30 ~ 11.97	10.03 ~ 13.36	10.13 ~ 12.75	10.16 ~ 12.43
	变异系数/%	4.63	4.74	6.29	5.48
	显著性	0.44			
十七烷酸	均值 ± 标准差	$0.08^a \pm 0.01$	$0.08^{ac} \pm 0.01a$	$0.07^b \pm 0.01$	$0.08^c \pm 0.01$
	变幅	0.07 ~ 0.10	0.06 ~ 0.1	0.06 ~ 0.11	0.06 ~ 0.10
	变异系数/%	10.55	11.89	15.68	12.54
	显著性	0.01			
硬脂酸	均值 ± 标准差	$3.50^a \pm 0.29$	$4.00^b \pm 0.38$	$4.09^b \pm 0.46$	$4.80^c \pm 0.67$
	变幅	3.16 ~ 4.25	3.09 ~ 5.91	3.37 ~ 4.33	3.13 ~ 4.31
	变异系数/%	8.19	13.60	7.42	8.37
	显著性	0.00			
油酸	均值 ± 标准差	$8.77^a \pm 0.65$	$8.05^b \pm 1.35$	$6.91^c \pm 0.85$	$7.48^{bc} \pm 0.74$
	变幅	18.49 ~ 22.68	16.34 ~ 30.77	20.31 ~ 27.83	19.21 ~ 30.00
	变异系数/%	5.83	15.37	11.26	14.58
	显著性	0.03			
顺 – 13 – 十八烯酸	均值 ± 标准差	$0.31^a \pm 0.06$	$0.32^b \pm 0.06$	$0.35^{ab} \pm 0.04$	$0.32^b \pm 0.06$
	变幅	1.27 ~ 1.70	1.07 ~ 1.87	1.30 ~ 1.65	1.32 ~ 1.69
	变异系数/%	7.98	10.81	7.09	7.89
	显著性	0.07			
亚油酸	均值 ± 标准差	$8.77^a \pm 0.65$	$8.05^b \pm 1.35$	$6.91^c \pm 0.85$	$7.48^{bc} \pm 0.74$
	变幅	51.32 ~ 55.56	46.00 ~ 57.76	47.54 ~ 54.82	46.01 ~ 54.03
	变异系数/%	2.49	4.89	3.85	4.22
	显著性	0.00			
亚麻酸	均值 ± 标准差	$8.77^a \pm 0.65$	$8.05^b \pm 1.35$	$6.91^c \pm 0.85$	$7.48^{bc} \pm 0.74$
	变幅	7.57 ~ 9.61	1.76 ~ 10.95	6.27 ~ 8.59	6.08 ~ 10.04
	变异系数/%	7.25	17.87	9.63	13.46
	显著性	0.24			

表 3 – 10（续 2）

脂肪酸	指标	主产地区			
		哈尔滨	黑河	佳木斯	齐齐哈尔
花生酸	均值 ± 标准差	0.28[a] ± 0.05	0.28[a] ± 0.03	0.30[ab] ± 0.05	0.31[b] ± 0.07
	变幅	0.21 ~ 0.36	0.21 ~ 0.44	0.25 ~ 0.35	0.25 ~ 0.36
	变异系数/%	16.85	16.33	9.28	10.54
	显著性	0.20			
山嵛酸	均值 ± 标准差	0.31[a] ± 0.06	0.32[b] ± 0.06	0.35[c] ± 0.04	0.032[a] ± 0.06
	变幅	0.21 ~ 0.43	0.19 ~ 0.55	0.31 ~ 0.49	0.27 ~ 0.45
	变异系数/%	17.68	19.74	14.70	13.55
	显著性	0.00			

注:同行数据比较,含有相同字母表示差异不显著($p \geq 0.05$),字母完全不同表示差异显著($p < 0.05$)。

从表 3 – 10 中可以看出,各主产地区主栽品种在当地种植后,十七烷酸、硬脂酸、油酸、亚油酸、山嵛酸含量在地域间有显著性差异,肉豆蔻酸、棕榈酸、顺 – 13 – 十八烯酸、亚麻酸、花生酸含量在地域间存在差异,但差异不显著,脂肪酸变异系数最大为 19.74%(山嵛酸,黑河地区的大豆品种),说明在同一地区不同乡镇种植的大豆脂肪酸含量也存在差异。

对盆栽场种植大豆和各主产地种植大豆脂肪酸含量进行配对样本 t 检验,表 3 – 11 数据分析结果表明,大豆脂肪酸中肉豆蔻酸、棕榈酸、十七烷酸、亚麻酸、山嵛酸差异不显著,说明在种植土壤、施肥状况相同的条件下,环境对这 5 种脂肪酸影响较小。

表 3 – 11　不同种植环境大豆成对样本 t 检验

盆栽场种植 – 主产地种植	成对差分					t 值	df	Sig.（双侧）
	均值差	标准差	均值的标准误	差分的95%置信区间				
				下限	上限			
肉豆蔻酸	0.00	0.01	0.00	– 0.00	0.00	0.91	108	0.37
棕榈酸	0.94	9.59	0.92	– 0.88	2.76	1.03	108	0.31
十七烷酸	– 0.01	0.07	0.01	– 0.02	0.01	– 1.14	108	0.26
硬脂酸	– 0.21	0.40	0.04	– 0.29	– 0.14	– 5.59	108	0.00
油酸	1.21	2.13	0.20	0.81	1.62	5.93	108	0.00

表 3 – 11（续）

盆栽场种植 – 主产地种植	成对差分							
	均值差	标准差	均值的标准误	差分的95%置信区间		t 值	df	Sig.（双侧）
				下限	上限			
顺 – 13 – 十八烯酸	0.09	0.13	0.01	0.06	0.11	6.88	108	0.00
亚油酸	– 0.63	1.51	0.14	– 0.92	– 0.35	– 4.37	108	0.00
亚麻酸	– 0.16	0.84	0.08	– 0.32	0.00	– 1.97	108	0.05
花生酸	– 0.02	0.04	0.00	– 0.02	– 0.01	– 4.50	108	0.00
山嵛酸	0.00	0.03	0.00	– 0.00	0.01	0.49	108	0.62

3.3.3　大豆营养成分指纹分析

分别对来自黑龙江省四个主产地区主栽品种的大豆种子和各主栽品种在当地种植同收获期的大豆进行有机成分多重比较分析,结果见表 3 – 12、表 3 – 13。

表 3 – 12　大豆种子营养成分差异分析

脂肪酸	指标	主产地区			
		哈尔滨	黑河	佳木斯	齐齐哈尔
蛋白质	均值 ± 标准差	$35.61^a \pm 2.25$	$36.51^a \pm 3.11$	$34.51^b \pm 1.37$	$36.39^a \pm 2.14$
	变幅	33.37 ~ 38.27	29.20 ~ 45.31	32.87 ~ 36.27	33.60 ~ 39.83
	变异系数/%	6.55	8.48	3.97	5.88
	显著性	0.22			
水分	均值 ± 标准差	$7.56^a \pm 0.41$	$9.25^b \pm 1.57$	$10^c \pm 0.56$	$7.41^a \pm 0.34$
	变幅	7.00 ~ 8.20	6.31 ~ 13.40	9.07 ~ 10.70	7.07 ~ 8.03
	变异系数/%	5.60	16.86	5.60	4.59
	显著性	0.00			
粗脂肪	均值 ± 标准差	$19.58^a \pm 1.77$	$18.39^b \pm 1.21$	$18.71^b \pm 0.96$	$18.32^c \pm 0.98$
	变幅	17.60 ~ 22.57	13.95 ~ 21.37	17.17 ~ 19.93	16.90 ~ 19.33
	变异系数/%	9.34	6.53	5.13	5.35
	显著性	0.03			

表 3 – 12（续）

脂肪酸	指标	主产地区			
		哈尔滨	黑河	佳木斯	齐齐哈尔
灰分	均值 ± 标准差	$4.53^a \pm 0.21$	$4.86^b \pm 0.57$	$4.67^b \pm 0.15$	$4.22^a \pm 0.53$
	变幅	4.66 ~ 4.35	4.46 ~ 4.86	4.59 ~ 4.53	3.61 ~ 4.35
	变异系数/%	4.80	11.52	3.21	5.69
	显著性	0.00			

注:同行数据比较,含有相同字母表示差异不显著($p \geqslant 0.05$),字母完全不同表示差异显著($p < 0.05$)。

从表 3 – 12 中可以看出,不同品种的大豆种子中水分、粗脂肪、灰分含量在地域间存在显著性差异,蛋白质含量在地域间存在差异,但差异不显著。表 3 – 12 中还可以看出,一些指标在同一地区的变异系数比较大,如黑河地区大豆水分含量变异系数为 16.86% ,说明在同一地区不同乡镇内的大豆种子的蛋白质、水分、脂肪、灰分含量存在差异。

表 3 – 13　主产地及种植大豆营养成分差异分析

脂肪酸	指标	主产地区			
		哈尔滨	黑河	佳木斯	齐齐哈尔
蛋白质	均值 ± 标准差	$35.24^{abc} \pm 2.30$	$34.27^{ab} \pm 2.37$	$34.26^{ab} \pm 1.88$	$36.79^c \pm 2.77$
	变幅	31.27 ~ 39.12	30.52 ~ 46.05	30.98 ~ 37.53	32.87 ~ 41.38
	变异系数/%	6.55	6.92	5.49	7.52
	显著性	0.02			
水分	均值 ± 标准差	$7.88^a \pm 0.86$	$9.73^b \pm 1.36$	$10.05^b \pm 0.70$	$8.48^a \pm 0.55$
	变幅	6.24 ~ 9.12	7.53 ~ 14.87	8.85 ~ 11.17	7.86 ~ 9.21
	变异系数/%	10.87	14.03	6.92	6.45
	显著性	0.00			
粗脂肪	均值 ± 标准差	$20.84^a \pm 1.67$	$18.98^b \pm 1.30$	$18.73^b \pm 1.44$	$19.57^b \pm 1.24$
	变幅	18.79 ~ 23.58	15.73 ~ 21.84	16.97 ~ 21.92	17.69 ~ 21.45
	变异系数/%	8.01	6.86	7.67	6.32
	显著性	0.00			

表 3 - 13(续)

脂肪酸	指标	主产地区			
		哈尔滨	黑河	佳木斯	齐齐哈尔
灰分	均值 ± 标准差	$4.94^a \pm 0.16$	$5.31^b \pm 0.37$	$5.38^b \pm 0.25$	$4.89^a \pm 0.29$
	变幅	4.61 ~ 5.21	4.23 ~ 5.99	4.92 ~ 5.57	4.533 ~ 5.33
	变异系数/%	3.19	6.91	4.62	5.86
	显著性	0.00			

注:同行数据比较,含有相同字母表示差异不显著($p \geqslant 0.05$),字母完全不同表示差异显著($p < 0.05$)。

　　从表 3 - 13 中可以看出,各主产地区主栽品种在当地种植后,蛋白质、水分、粗脂肪、灰分含量在地域间均有显著性差异。从表 3 - 14 中还可以看出,一些指标在同一地区的变异系数比较大,如黑河地区大豆水分含量变异系数为 14.03% ,说明在同一地区不同乡镇种植的大豆蛋白质、水分、粗脂肪、灰分含量差异比较大。

　　对盆栽场种植大豆和各主产地种植大豆蛋白质、水分、粗脂肪、灰分含量进行配对样本 t 检验,表 3 - 14 数据分析结果表明,大豆蛋白质含量差异不显著,说明在种植土壤、施肥状况相同的条件下,环境的变化对蛋白质含量影响较小。

表 3 - 14　不同种植环境大豆成对样本 t 检验

盆栽场种植 - 主产地种植	成对差分					t 值	df	Sig.(双侧)
	均值差	标准差	均值的标准误	差分的95%置信区间				
				下限	上限			
蛋白质	-0.18	1.70	0.16	-0.50	0.15	-1.08	108	0.28
水分	-1.37	1.38	0.13	-1.64	-1.11	-10.37	108	0.00
粗脂肪	-0.53	1.42	0.14	-0.80	-0.26	-3.90	108	0.00
灰分	-0.04	0.46	0.04	0.33	0.49	-2.41	109	0.00

3.3.4　大豆品种身份证的构建

1. 黑龙江省大豆脂肪酸指纹编码

　　参考陆徐忠等人利用 SSR 分子指纹和商品信息构建水稻品种身份证,本试验将大豆种子和主产地种植大豆的肉豆蔻酸、棕榈酸、十七烷酸、亚麻酸、山嵛酸相对含量输入 Excel 表格中,根据 VLOOKUP 公式进行查找编程,将大豆品种的顺序码转换成 36 进制作为大豆品种的编码,例如,黑河 1 号的大豆品种编码为 1W、东升 2号的大豆品种编码为 2V。根据大豆品种码可查找大豆脂肪酸含量信息。

2. 大豆营养成分指纹编码

将大豆营养成分中有效指标蛋白质含量输入编辑好的 Excel 表格中,作为补充成分。

3. 大豆品种信息码

大豆品种信息码包括 2 个部分:(1)地区码。由 9 位数字组成,用于识别作物的种植地区,用行政区域代码表示,即黑龙江省哈尔滨为 230100、辽宁省大连为210200。(2)时间码。用于识别品种育成年份,如本次选用的样本为 2016 年种植的大豆,则时间码为 2016。

4. 大豆品种身份证的构建

将大豆脂肪酸指纹编码、营养成分指纹编码排列,就构成了总数为 12 位的大豆品种信息身份证,以“黑河 1 号”的品种身份证 23118120161W 为例,其主产地区为黑龙江省黑河市北安(231181),品种的种植时间为 2016 年(2016),品种的编码为 1W,按此方法构建剩余的 108 个大豆品种身份证。

5. 大豆品种的条码转换

使用转换软件,可将“黑河 1 号”大豆品种身份证转化成条形码和二维码,“黑河 1 号”的条形码和二维码如图 3 - 6 和图 3 - 7 所示。

231181 2016 1W

图 3 - 6　黑河 1 号品种条形码　　　　图 3 - 7　黑河 1 号品种二维码

3.4　讨　　论

3.4.1　大豆后熟期脂肪酸变化规律

通过气相色谱法检测出大豆主要的 10 种脂肪酸,分别是肉豆蔻酸、棕榈酸、十七烷酸、硬脂酸、油酸、顺 – 13 – 十八烯酸、亚油酸、亚麻酸、花生酸、山嵛酸。在大豆后熟过程中，硬脂酸、油酸、顺 – 13 – 十八烯酸、亚麻酸、花生酸、山嵛酸相对含量差异不显著，肉豆蔻酸、棕榈酸、十七烷酸、亚油酸相对含量在大豆后熟期前后差异显著。肉豆蔻酸、棕榈酸、十七烷酸相对含量与大豆后熟过程呈显著正相关，亚油酸与亚麻酸相对含量呈显著正相关，与油酸相对含量呈显著负相关，与大豆后熟过程无显著相关性。由于本书建立的大豆品种鉴别库使用的是收获成熟期的大豆，完成后熟过程的大豆不适用于此库，本书仅通过研究大豆后熟期前后 10 种脂肪酸的变化，为完成后熟过程的大豆品种鉴别提供一定的数据参考。

3.4.2   大豆脂肪酸指纹分析

不同主栽地的大豆种子和主产地种植收获后的大豆，它们中的脂肪酸含量在地域间是存在差异的，根据变异系数可知，同一地区不同乡镇之间脂肪酸含量也存在差异。这种差异是对脂肪酸含量进行指纹编码的基础。为避免每年温度、降雨量等环境不同的影响，对在盆栽场种植收获的大豆和主产地种植收获的大豆进行配对样品 t 检验，在土壤和施肥状况相同环境不同的条件下，大豆脂肪酸肉豆蔻酸、棕榈酸、十七烷酸、亚麻酸、山嵛酸含量差异不显著，为数字编码提供了有效的指标。对有效的大豆脂肪酸指标含量进行编程，将大豆品种转化成数字编码形式。

植物体是通过环境来摄取养分的，人文环境和地理环境均可为植物体提供养分，地理环境包括温度、降雨量、水分、土壤等，人文环境包括耕种方式、施肥状况等。目前所进行的脂肪酸含量数字编码只是探索性的研究，在施肥状况相同的情况下进行数字编码，所得出的数字编码仅适用于相同施肥状况的大豆品种，在今后的试验研究中还需对黑龙江省大豆的采样地域的土壤、地质中矿物元素等对大豆的指纹信息的影响进行更加系统的检测。这些检测都关系到黑龙江省大豆的指纹信息。追寻影响大豆品质的其他的变化规律，分析其在黑龙江省大豆质量追溯中其他组成成分发挥的作用。在理论研究和实际应用方面，对黑龙江省大豆的研究成果将具有更重大的意义和价值。

通过气相色谱法检测出大豆的主要 10 种脂肪酸，并对其相对含量进行计算，分别为肉豆蔻酸、棕榈酸、十七烷酸、硬脂酸、油酸、顺 – 13 – 十八烯酸、亚油酸、亚麻酸、花生酸、山嵛酸，在所选的样本中肉豆蔻酸、棕榈酸、十七烷酸、亚麻酸、山嵛酸 5 项指标在环境不同的情况下差异不显著。说明这 5 种指标作为大豆品种鉴定指标是可行的。

3.4.3　大豆营养成分指纹分析

4 个主产地区大豆种子中水分、粗脂肪、灰分含量在地域间存在显著差异。蛋白质含量在区域间也存在差异,但差异不十分显著;主产地种植收获期大豆中蛋白质、水分、粗脂肪、灰分含量在地域间存在显著差异。同一地区不同乡镇大豆中蛋白质、水分、粗脂肪、灰分含量也存在差异。在土壤和施肥状况条件相同环境不同的情况下,大豆蛋白质含量差异不显著。造成水分、粗脂肪、灰分含量差异显著的原因可能是环境中温度、水分对这 3 种指标影响比较大。大豆有机成分指标比较多,本研究中受环境影响不大的仅有蛋白质 1 个指标,如需建立更可靠的大豆品种鉴别库,还需要大量的大豆有机成分指标,并对有机成分进行环境差异分析,筛选出有效的指标。

3.4.4　大豆品种身份证

利用 VLOOKUP 编程,构建了大豆脂肪酸品种查询体系,并对 109 个大豆的品种进行编码,进而对其进行条码转述,该大豆品种身份证符合当地种植的各种指标,为大豆的品种鉴别与产地查询提供便利,同时也为其他指标鉴定提供了新思路。

3.5　小　　结

1. 以黑龙江省主产地区主栽品种的大豆种子为研究对象,在盆栽场种植和主产地种植,对收获成熟期的大豆脂肪酸含量、蛋白质含量、水分含量、粗脂肪含量、灰分含量进行地域间差异性分析,探讨了大豆脂肪酸、蛋白质、水分、粗脂肪、灰分应用于大豆品种鉴定方面的可行性,通过不同环境对大豆脂肪酸相对含量、蛋白质含量、水分含量、粗脂肪含量、灰分含量进行研究,筛选出有效的大豆指标,并对其进行数字编码,最终建立大豆品种的身份证、条形码和二维码。

2. 通过对大豆后熟过程脂肪酸变化规律的研究可知,对生理成熟期脂肪酸相对含量和收获成熟期脂肪酸相对含量进行配对样品 t 检验得出:在大豆后熟过程中,硬脂酸、油酸、顺 – 13 – 十八烯酸、亚麻酸、花生酸、山嵛酸相对含量无显著差异;肉豆蔻酸、棕榈酸、十七烷酸、亚油酸相对含量差异显著,其中肉豆蔻酸、棕榈酸、十七烷酸相对含量与大豆后熟过程呈显著正相关,相关系数分别为 0.88%、

0.85%、0.43%,亚油酸与大豆后熟过程无显著相关性。

　　3. 通过对大豆品种鉴别体系的研究可知,受环境差异影响不显著的指标有肉豆蔻酸、棕榈酸、十七烷酸、亚麻酸、山嵛酸和大豆蛋白质,受环境差异影响不显著的指标可作为有效指标,便于大豆品种鉴别体系的重复使用。可利用 VLOOKUP软件对大豆有效指标进行编程,建立大豆品种编码,结合补充码,构建大豆品种身份证,方便大豆管理。根据大豆品种身份证,结合大豆品种鉴别体系,进而判断大豆与商品信息是否相符。

第4章　大豆异黄酮溯源数据库的构建

4.1　研　究　概　述

次生代谢产物的形成受基因调控,具有明显的种属和组织器官特性,有的与植物形态的发生和生长发育存在一定的关联。因此,植物在对环境的适应与进化的过程中,次生代谢比初生代谢记录了更多的环境信息,其产生和变化比初生代谢产物与环境有着更强的相关性和对应性。需要对食品中有机成分的变化规律有深入的了解,才能筛选出有效、稳定且具有明显产地差异的特征指标,从而提高产地溯源的准确性。大豆异黄酮在特定环境的大豆中具有唯一性和特征性,由于大豆种类、产地、环境不同,大豆异黄酮的含量、比例也会不同,所以可以作为鉴别产地的溯源指标。环境因素对次生代谢产物大豆异黄酮的含量影响很大,东北大豆中大豆异黄酮含量高于南方。

本章基于高效液相色谱技术对黑龙江省不同产地、不同品种的大豆样品进行异黄酮单体含量检测,利用方差、主成分、聚类、判别等化学计量学方法分析,筛选出大豆异黄酮单体特征信息,研究其对大豆产地溯源的可行性,考察年份、产地、品种及其交互作用等因素对大豆异黄酮单体特征的影响,结合化学计量学方法筛选出有效的异黄酮单体溯源指标,建立产地判别模型并进行验证,将大豆中的异黄酮单体特征信息存储在数据库中,构建大豆异黄酮产地溯源数据库,达到对大豆产地溯源的目的。

4.2　材料与方法

4.2.1　材料与仪器

1. 材料与试剂

所用材料和试剂见表4-1。

表4-1　材料和试剂

名称	规格	生产厂家
大豆苷	标准品(≥99.46%)	成都曼斯特生物科技有限公司
黄豆黄苷	标准品(≥98.27%)	成都曼斯特生物科技有限公司
染料木苷	标准品(≥98.46%)	成都曼斯特生物科技有限公司
大豆苷元	标准品(≥99.99%)	成都曼斯特生物科技有限公司
黄豆黄素	标准品(≥99.39%)	成都曼斯特生物科技有限公司
染料木素	标准品(≥99.91%)	成都曼斯特生物科技有限公司
冰乙酸	色谱纯	上海阿拉丁生化科技股份有限公司
甲醇	色谱纯	北京百灵威科技有限公司
乙腈	色谱纯	北京百灵威科技有限公司
乙醇	色谱纯	北京百灵威科技有限公司
石油醚	分析纯(沸程30~60℃)	天津市富宇精细化工有限公司

2. 仪器与设备

所用仪器与设备见表4-2。

表4-2　仪器与设备

名称	型号	生产厂家
高效液相色谱仪	1260	安捷伦科技有限公司
二极管阵列检测器	G412B	安捷伦科技有限公司
柱温箱	G1316A	安捷伦科技有限公司

表4-2(续)

名称	型号	生产厂家
四元泵	G1311C	安捷伦科技有限公司
色谱柱	SionChromODS-BP	大连依利特分析仪器有限公司
针式微孔滤膜	0.22 μm, 0.45 μm	天津津腾实验设备有限公司
数控超声波清洗器	KH-5200DE	昆山禾创超声仪器有限公司
电热恒温鼓风干燥箱	DGG-9023A	上海森信实验仪器有限公司
电子分析天平	FA1204B	上海精科天美仪器有限公司
多功能粉碎机	GY-FS-02	江西赣运食品机械有限公司
旋转蒸发器	RE-52A	巩义市予华仪器有限责任公司
超纯水系统	SMART	上海康雷分析仪器有限公司
脂肪测定仪	SOX500	济南海能仪器股份有限公司

3. 样品的采集

2015年：北安大豆产地经度E125°54′~E128°34′,纬度N47°62′~N49°62′,年均日照时数2 600 h,降水量500 mm,年均气温0.8 ℃;嫩江大豆产地经度E124°44′~E126°49′,N纬度48°42′~N51°00′,年均日照时数为2 832 h,降水量621 mm,年均气温2.6 ℃。采集样本时间为2015年10月10日至10月17日,按照经纬度的不同,在黑龙江省大豆主产区的北安和嫩江设置18个采样点,每个采样点按"S"形区域布点,采集1~2 kg成熟的大豆籽粒。其中北安大豆主产区划分10个采样点,品种为北汇豆1号、黑河43号、华疆2号、黑河45号、黑河农科研6号、黑河35号、711号、北豆42号、北豆28号、克山1号、北豆14号、黑河24号、垦鉴豆27号、北豆10号和华疆4号共15个品种,大豆样本数为30个。嫩江大豆主产区划分8个采样点,品种为有机黑河43号、黑科56号、黑河43号、黑河45号、北豆34号、登科1号、黑河52号、黑河34号、嫩奥1092号、北豆10号、北豆42号和2011号共12个品种,大豆样本数为21个。两大主产区共采集51个大豆样品,其中39个大豆为分析样品,12个大豆为验证判别分析样品,常温条件下储存。

2016年：北安大豆产地经度E125°54′~E128°34′,纬度E47°62′~E49°62′,年均日照时数2 498 h,降水量521 mm,年均气温0.78 ℃;嫩江大豆产地经度E124°44′~E126°49′,纬度N48°42′~N51°00′,年均日照时数2 682 h,降水量601 mm,年均气温3.1 ℃。采集样本时间为2016年10月10日至10月17日,根据经纬度的不同,在黑龙江省两个大豆主产区的北安和嫩江设置22个采样点,每个采样点采集大豆籽粒 1～2 kg。其中北安大豆主产区划分 13 个采样点，品种为黑河 43 号、黑河 7 号、黑河 1 号、7623 号、4404 号、北豆 40 号、13 号、19 - 2 号、东升 1 号、黑河 35 号、华疆 2 号、北江 9 - 1 号、北豆 29 号、1001 号、克山 1 号、东农 48 号、1734 号、6055 号、龙垦 332 号、嫩奥 1092 号、1544 号、九研 4 号、东富 1 号、垦丰 22 号、垦豆 41 号、合农 95 号、金源 55 号、垦亚 56 号、丰收 25 号、北豆 47 号、北豆 41 号、黑农 67 号、黑农 60 号、黑河 48 号和黑河 30 号共 35 个品种，大豆样本数为 49 个。嫩江大豆主产区划分 9 个采样点，品种有黑河 43 号、黑河 43 号、嫩奥 1092 号、克山 1 号、黑河 56 号、黑科 56 号、13 - 2 号、云禾 666 号、华疆 4 号、华疆 2 号、北豆 36 号和北豆 16 号共 12 个品种，样本数为 27 个。采集共 76 个大豆样品，其中 64 个大豆为分析样品，12 个大豆为验证判别分析样品，常温条件下储存。

4.2.2　大豆异黄酮单体的检测

1. 预处理方法

对采集后的大豆进行处理，挑选出质量好、色泽饱满的大豆，去除杂质。每份大豆称取 100 g，用去离子水反复冲洗干净，将其放入 40 ℃的鼓风干燥箱中进行干燥处理，干燥后的大豆样品用粉碎机进行粉碎，过 40 目筛，4 ℃密封保存，备用。

2. 提取方法

取大豆样品 3 份，准确称量每份大豆样品 5 g，用沸程 30～60 ℃石油醚进行脱脂 3 h，用电热恒温鼓风干燥箱 50 ℃烘干；提取剂为 70% 乙醇，采用的料液比为 1∶15，放置于超声波清洗机中进行提取，超声波条件设为温度 70 ℃，功率 160 W，超声时间 40 min；用高速离心机离心，离心条件设为转速 7 000 r/min，时间 20 min；离心后的残余沉淀物再用 70% 乙醇进行二次超声波提取，合并两次的上清液，用旋转蒸发仪将上清液浓缩至 50 mL，取 4～5 mL 样液，进行离心（转速 10 000 r/min，离心时间 20 min），通过 0.22 μm 的滤膜，用高效液相色谱仪进行测定。

3. 色谱条件

采用高效液相色谱法检测大豆异黄酮，面积归一法定量，检测波长为 260 nm，检测流速为 1.0 mL/min，检测柱温为 30 ℃，进样量为 10 μL。使用 SionChrom ODS - BP 色谱柱。设置 0.1% 的乙酸 - 水溶液为流动相 A，设置 0.1% 的乙酸 - 乙腈溶液为流动相 B。梯度洗脱时间分别为 0 min、10 min、12 min、18 min、19 min、21 min、22 min、26 min；与时间相对应的流动相 A 分别为 90%、80%、70%、60%、0%、0%、90%、90%；与时间相对应的流动相 B 分别为 10%、20%、30%、40%、100%、100%、10%、10%。

4.2.3　不同品种、产地大豆异黄酮溯源模型

利用 SPSS 19.0 软件对北安和嫩江两大主产区大豆中的异黄酮单体含量数据进行方差、主成分、聚类、判别等化学计量学方法分析。筛选出黑龙江省主产区大豆中异黄酮产地、品种的有效溯源指标,并进行验证判别分析。

1. 不同品种大豆异黄酮单体差异性

使用 SPSS 19.0 软件对相同产地、不同品种的大豆异黄酮单体进行方差分析,本试验共有 7 个产地、102 个品种。打开 SPSS 19.0 软件,点击变量视图,分别输入品种、大豆苷、黄豆黄苷、染料木苷、大豆苷元、染料木素;点击数据视图,输入各大豆异黄酮单体的含量。点击分析、一般线性模型、多变量,将品种设置为固定因子、异黄酮单体设置为因变量。点击模型,将品种设置为主效应,点击事后多重比较,选择 LSD、Duncan。点击选项,将品种显示均值,选择描述统计、功效统计、转换矩阵。最后点击确定。

2. 不同产地大豆异黄酮单体差异性

使用 SPSS 19.0 软件对 7 个产地中大豆异黄酮单体进行分析。打开 SPSS 19.0 软件,点击变量视图分别输入产地、大豆苷、黄豆黄苷、染料木苷、大豆苷元、染料木素,点击数值,设置 1 = 黑河市嫩江、2 = 黑河市爱辉区、3 = 黑河市北安、4 = 绥化市海伦、5 = 北安管理局、6 = 牡丹江农管局、7 = 宝泉岭管理局;点击数据视图,输入各大豆异黄酮单体的含量。点击分析、一般线性模型、多变量,将产地设置为固定因子,异黄酮单体设置为因变量。点击模型,将产地设置为主效应,点击事后多重比较,选择 LSD、Duncan。点击选项,将产地显示均值,选择描述统计、功效统计、转换矩阵。最后点击确定。

3. 大豆中异黄酮产地溯源模型

(1) 大豆中异黄酮产地溯源的判别分析

利用 SPSS 19.0 软件对两年黑龙江省北安和嫩江两大主产区大豆中的异黄酮单体含量数据进行方差、主成分、聚类、判别等化学计量学方法分析。筛选出黑龙江省主产区大豆中异黄酮产地的有效溯源指标,并进行验证判别分析。

(2) 大豆中异黄酮产地溯源的模型的构建

利用 SPSS 19.0 软件对两年黑龙江省北安和嫩江两大主产区的大豆样品中 6 种大豆异黄酮含量的数据进行数据统计分析,考察大豆产地、年份、品种,以及它们之间的交互作用等因素对大豆异黄酮单体含量的影响,通过化学计量学方法分析筛选出有效地与产地直接相关的产地溯源指标,并建立溯源判别模型,具体操作和

数据处理方法同上。

4.2.4 大豆异黄酮产地溯源数据库的构建

构建数据库是溯源系统平台的核心和基础,是溯源系统各部分紧密结合的关键所在。数据库是按照数据信息的特点,对数据进行录入、存储以及管理,其具有安全、易扩充、共享性高以及有利于数据维护等特点。数据库可以将大豆信息(产地、年份、品种)及大豆异黄酮单体特征指标信息存入这个"仓库"中,管理者们根据自己的需求,将大豆品质及产地情况等信息在大豆数据库中进行新增、修改或删除等操作。这些操作都可以在计算机中进行,方便市场、企业、个体商户等管理者对大豆信息的管理和归纳,提高工作效率。同时,也方便消费者根据自己的需求进行查询。MySQL 数据库具有查询检索快速、简单方便、支持大量数据并发访问、多线程多处理器同时操作、在不同平台(如 Windows、Linux、Unix 等)支持不同语言(如 Java、C 语言、C++、php 等)、免费等优点。采用 MySQL l5.7 数据库、InnoBD 存储引擎进行构建大豆异黄酮产地溯源数据库。

1. 数据库构建方法

(1)数据库表结构设计

为方便后期管理者对数据库进行新数据的添加、修改或者删除等大量数据信息的变更操作,保证数据库的扩展性和运行效率,该数据库中数据表均不采用主外键关系。数据表存在联系时,可使用数据层面的限制进行数据表关系处理。根据大豆异黄酮的特征信息,在数据库中设计出 5 张数据表,分别为省份表(provice)、市区表(city)、区县表(area)、大豆异黄酮溯源信息表(isflavones)以及用户表(user)。其中,省、区、市 3 张数据表可用于确定大豆的产地;大豆异黄酮溯源信息表包含农场、年份、品种以及异黄酮单体特征指标等信息;用户表包括管理员和普通用户等信息。数据库表结构设计如图 4-1 所示。

(2)数据库及数据表的创建方法

打开 Navicat 软件,点击连接,在弹出的界面中添加连接名,输入用户名和密码,输入完成后点击确定。双击打开已建立的数据库连接,点击右键,选择"新建数据库"选项,在弹出窗口中填写数据库名,由于字符集 utf-8 可以完美地支持中英文以及简体、繁体汉字和大多数国家语言,所以本数据库字符集以及排序规则选项中均采用 utf-8 字符集。新建数据库如图 4-2 所示。

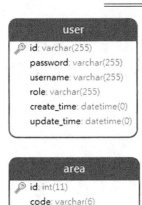

图 4 - 1　数据库表结构设计图

图 4 - 2　新建数据库图

创建数据表可通过表选项中新建表来实现,数据表创建的界面图如图 4 - 3 所示。在表选项中点击新建表,将字段名称、类型、长度位置等选项进行设置后,点击确定,该数据表创建完成。

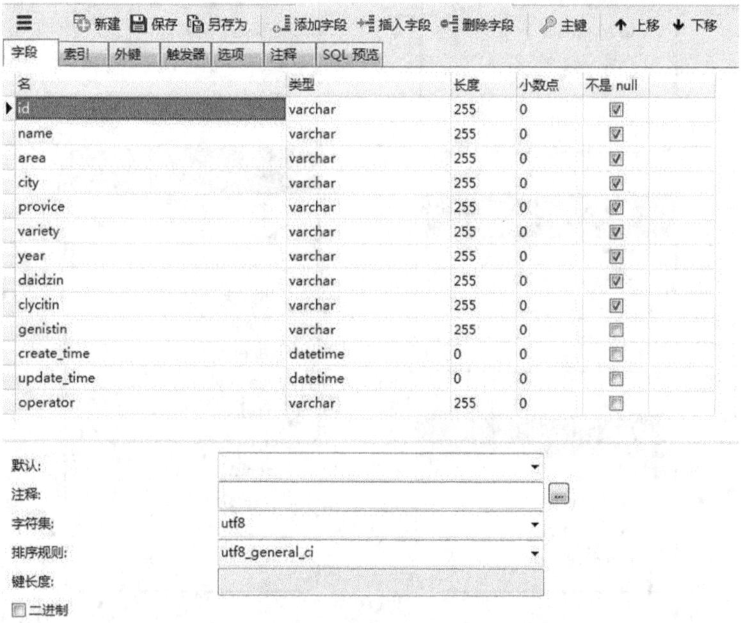

图 4 - 3　数据表创建图

　　数据表创建完成后,需要进行数据填充,双击数据表,将省份、地区、品种、年份、大豆苷含量、黄豆黄苷含量以及染料木苷含量等信息输入相应的 5 张表中,在所对应的位置内进行填写,点击保存,数据表构建完成。

　　2. 测试系统的开发与设计方法

　　数据库能够记录大豆的产地、年份、品种、特征指标等信息,是后续构建溯源系统平台以及溯源码制作的核心,在溯源体系中起着重要的作用。本测试系统通过采用 B/S 结构,运用 Java 开发语言,服务端采用 SSM 框架进行开发。测试系统由前台数据展示系统和后台管理系统两部分组成,其中后台管理系统又分为大豆产地管理和用户管理。利用测试系统数据库中的数据进行查询验证,保证数据库的准确性和完整性,有效、准确地对大豆产地进行溯源。

　　(1)开发语言的选择

　　Java 语言是由 Sun 公司开发,与底层硬件无关,在不同操作系统环境中只需要编译一次就能够运行的一种计算机高级语言和平台,是互联网信息时代最重要的语言之一。Java 语言在很多平台上都可以进行程序编写,是一门面向对象的开发语言,在程序中进行的多态支持包括分布式和解释型两种形式,可以跨平台使用,具有可移植性。能够集合 C 语言和 C + +语言等优点,移除 C 语言和 C + +语言中的指针、多继承等缺点,具有很高的安全性。基于这些优点,Java 语言具有强大的功能和方便快捷两个特点。因此,选择 Java 语言进行数据库测试系统的编写。

(2)开发框架选择

本测试系统采用 SSM 框架(springMVC 持久层框架、spring 框架、mybatis 框)进行开发。开发采用模型(model)、视图(view)以及控制器(controller)等分离的三层模式(MVC)。该模式具有以下优点:因视图层和业务层分离,使得各个模块之间耦合性低;更改视图层代码不会影响其他业务代码;因该模型层返回的数据没有具体的结构要求,可以在不同的界面中使用,重用性较高;因视图层和业务层相分离,所以使得系统更容易维护和修改。

MVC 模式是一种应用广泛的软件设计规范,按照具体业务逻辑、数据模型以及界面相分离的方法,将业务逻辑独立地放到一个部件里,当模型和控制器发生改变时,不会影响业务逻辑代码。同时,业务逻辑代码发生改变时,也不会影响模型和控制器,保证了模型视图控制器分离,使模型、视图以及控制器之间相互独立。其结构示意图如图 4 - 4 所示。

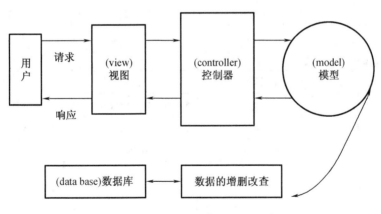

图 4 - 4　MVC 的基础模型图

(3)测试系统描述

该测试系统角色分为管理员和普通用户两种,管理员登录后可以对大豆产地、品种、年份、异黄酮溯源特征指标以及普通用户等信息进行操作和管理。普通用户登录后可在登录界面中输入大豆异黄酮单体含量特征指标参数,点击判别分析按钮,如果是已经在数据库中储存的特征指标信息,则将会弹出对应的大豆相关信息,达到大豆产地溯源的目的。反之,则不是该产地的大豆。

4.3　结果与分析

4.3.1　不同产地大豆异黄酮的验证判别分析

1. 2015 年不同大豆异黄酮产地溯源的验证判别分析

(1)差异性分析

取 2015 年黑龙江省北安产地 24 个大豆样品和嫩江产地 15 个大豆样品共 39 个大豆样品,对其中 6 种大豆异黄酮含量进行方差分析,确定差异性。结果见表 4 - 3。

表 4 - 3　2015 年黑龙江省不同产地大豆中异黄酮单体含量　（单位:μg/g）

异黄酮单体	统计分析	北安	嫩江
大豆苷	$\overline{x} \pm s$	2 290.33[a] ± 561.49	2 190.23[a] ± 400.98
	R	1 386.42 ~ 3 874.23	1 532.86 ~ 2 940.22
	$C \cdot V/\%$	24.52	18.31
黄豆黄苷	$\overline{x} \pm s$	596.61[a] ± 112.70	492.40[b] ± 95.47
	R	423.35 ~ 869.98	382.75 ~ 704.05
	$C \cdot V/\%$	18.89	19.39
染料木苷	$\overline{x} \pm s$	6 206.54[a] ± 1 245.40	6 008.58[a] ± 822.92
	R	3 510.33 ~ 9 280.83	4 763.65 ~ 7 274.54
	$C \cdot V/\%$	20.07	13.70
大豆苷元	$\overline{x} \pm s$	66.74[a] ± 32.22	77.10[a] ± 42.72
	R	21.67 ~ 143.34	31.59 ~ 179.41
	$C \cdot V/\%$	48.27	55.40
黄豆黄素	$\overline{x} \pm s$	7.10[a] ± 3.88	7.82[a] ± 4.08
	R	2.51 ~ 16.79	2.90 ~ 19.07
	$C \cdot V/\%$	54.59	52.09

表 4 - 3(续)

异黄酮单体	统计分析	北安	嫩江
染料木素	$\overline{x} \pm s$	$69.07^{a} \pm 35.85$	$84.40^{a} \pm 47.40$
	R	$21.12 \sim 156.67$	$33.92 \sim 210.50$
	$C \cdot V/\%$	51.90	56.16

注:均值为 $\overline{x}$;标准差为 s ;变幅为 R ;变异系数为 $C \cdot V$;同行数据比较,字母不同表示差异显著 $(p < 0.05)$,字母相同表示差异不显著 $(p > 0.05)$ 。

由表 4 - 3 可知,大豆苷、染料木苷、大豆苷元、黄豆黄素、染料木素在北安和嫩江产大豆中含量差异不显著 $(p > 0.05)$,黄豆黄苷在不同产地大豆中含量差异显著 $(p < 0.05)$ 。还可以看出,大豆中异黄酮的波动系数不大,说明在同一产地不同农场内大豆中的异黄酮含量波动较小,异黄酮含量稳定。

(2)主成分分析

选取特征值大于 1 的成分作为主成分进行分析。大豆样品中大豆异黄酮的主成分分析结果见表 4 - 4,提取 2 个有效主成分。第一主成分贡献率为 54.442% ,第二个主成分贡献率为 30.359% 。2 个主成分总贡献率达到了 84.801% ,达到充分反映原始数据信息的目的。根据大豆异黄酮的主成分分析结果,进行大豆异黄酮主成分特征向量的划分,达到了分类的目的,明确了主成分的特征元素。

表 4 - 4　大豆异黄酮主成分中各单体的特征向量及累计方差贡献率

异黄酮单体	成分 1	成分 2
大豆苷	0.859	-0.432
黄豆黄苷	0.671	-0.612
染料木苷	0.854	-0.424
大豆苷元	0.695	0.647
黄豆黄素	0.701	0.348
染料木素	0.612	0.735
方差贡献率/%	54.442	30.359
累计贡献率/%	54.442	84.801

注:提取方法为主成分。已提取了 2 个成分。

从大豆异黄酮的主成分载荷表(表4-5)中可以看出,大豆异黄酮单体中的大豆苷、黄豆黄苷、染料木苷含量均在第1主成分上载荷较大,即与第1主成分的相关程度较高;染料木素、黄豆黄苷和大豆苷元均在第2主成分上载荷较大,即与第2主成分的相关程度较高。

表4-5　大豆异黄酮的主成分载荷表

异黄酮单体	主成分 1	主成分 2
大豆苷	1.157	-0.020
黄豆黄苷	1.222	-0.224
染料木苷	1.143	-0.016
大豆苷元	-0.219	0.745
黄豆黄素	0.131	0.519
染料木素	-0.386	0.782

注:提取方法为主成分。已提取了2个成分。

根据主成分特征向量雷达图(图4-5),能直观地看出2个主成分中各大豆异黄酮单体成分的分布情况。第1主成分综合了大豆苷、黄豆黄苷和染料木苷等异黄酮单体信息。第2主成分综合了大豆苷元、黄豆黄素和染料木素等异黄酮单体信息。

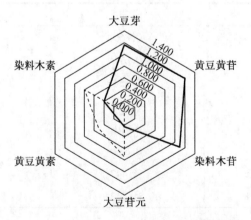

图4-5　大豆异黄酮2个主成分的特征向量雷达图

　　利用第 1 主成分和第 2 主成分的标准化得分作图,如图 4 - 6 所示,北安和嫩江两大产地有几个大豆样品出现交叉现象,大多数的大豆样品均能区分。可见,主成分得分图可以将大豆样品中的多种大豆异黄酮单体特征信息通过综合的方式直观地表现出来。

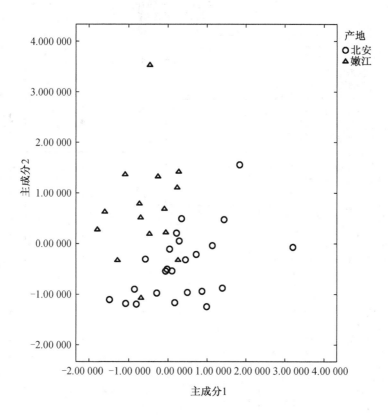

图 4 - 6　2015 年不同产地大豆主成分得分图

(3)聚类分析

　　聚类分析可以将性质相近的大豆样品归为一类,直接比较大豆之间的性质,将性质差别大的大豆样品归为不同的类。以 6 种大豆异黄酮单体含量作为变量,对不同产地大豆样品进行聚类分析。聚类结果如图 4 - 7 所示。

　　利用 Ward 连接法进行聚类分析,由图 4 - 7 可知,编号 1 ~ 24 为 2015 年北安产地大豆样品,编号 25 ~ 39 为 2015 年嫩江产地大豆样品。当距离标准为 20 时,黑龙江省两个大豆主产区 39 份大豆样品聚成两类,1 类为北安产地,2 类为嫩江产地。其中北安产地有 1/3 的大豆样品产地聚类错误,嫩江产地有 1/5 的大豆样品产地聚类错误,但大多数大豆样品能够被区分,聚类效果良好,初步表明大豆异黄酮单体特征指标能够有效区分大豆的产地来源。缩小了以往凭借主观判断所引起的误差,使其数据分析更具有客观性。

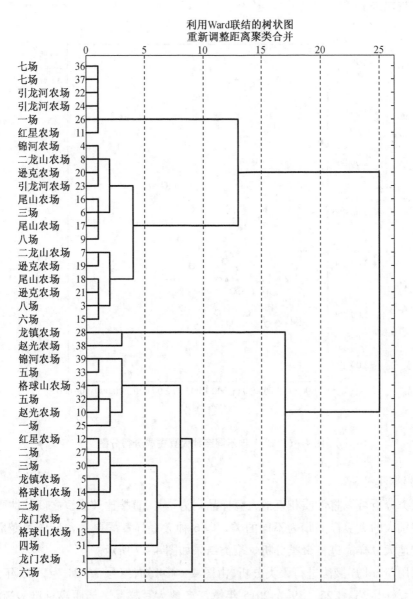

图 4 – 7   2015 年黑龙江省不同产地大豆的聚类分析图

1 ~ 24 为北安;25 ~ 39 为嫩江。

（4）不同产地大豆异黄酮的判别分析

对2015年黑龙江省北安和嫩江地区不同产地中的大豆样品进行异黄酮含量的检测分析。通过利用大豆中次生代谢物异黄酮单体特征指标分析可以对大豆产地进行判别，判别结果见表4-6。

表4-6 2015年黑龙江省不同产地大豆的判别结果

项目		产地	预测组成员		合计
			北安	嫩江	
初始	计数	北安	20	4	24
		嫩江	3	12	15
	占比/%	北安	83.3	16.7	100.0
		嫩江	20.0	80.0	100.0
交叉验证[a]	计数	北安	20	4	24
		嫩江	3	12	15
	占比/%	北安	83.3	16.7	100.0
		嫩江	20.0	80.0	100.0

注：a. 仅对分析中的案例进行交叉验证。在交叉验证中，每个案例都是按照从该案例以外的其他案例派生的函数来分类的。

b. 已对初始分组案例中的82.1%进行了正确分类。

c. 已对交叉验证分组案例中的82.1%进行了正确分类。

由2015年黑龙江省不同产地大豆中的大豆异黄酮单体特征指标判别分析的结果可知，通过利用大豆异黄酮次生代谢物特征指标，可以对不同的大豆产地进行区分，实现了北安和嫩江大豆产地的判别，正确判别率达到了82.1%。

采用逐步判别法进行大豆产地的判别分析，筛选出大豆异黄酮的主要判别变量，建立判别模型。见分类函数系数表4-7可知，将大豆苷和黄豆黄苷两种异黄酮单体溯源指标引入方程，所建立的判别模型如下：

模型（1）：$Y_{北安} = -0.001X_1 + 0.055X_2 - 16.397$

模型（2）：$Y_{嫩江} = 0.003X_1 + 0.031X_2 - 11.787$

表 4 - 7　分类函数系数表

异黄酮单体	北安	嫩江
大豆苷(X_1)	-0.001	0.003
黄豆黄苷(X_2)	0.055	0.031
(常量)	-16.397	-11.787

注:Fisher 的线性判别式函数。

(5)验证判别分析

验证黑龙江省主产区大豆样品的产地判别分析结果的准确度。除上述分析北安和嫩江 39 个大豆样品外,又采集了 12 个大豆样品作为判别变量,其中北安大豆样品 6 个,嫩江大豆样品 6 个。将原有的 39 个大豆样品中异黄酮单体含量的数据和作为判别变量的 12 个大豆样品中大豆异黄酮单体含量的数据作为 1 个分组变量,进行验证判别分析,验证判别结果见表 4 - 8 所示。

表 4 - 8　2015 年黑龙江省不同产地大豆的验证判别结果

项目		产地	预测组成员		合计
			北安	嫩江	
初始	计数	北安	26	4	30
		嫩江	4	17	21
	占比/%	北安	86.7	13.3	100.0
		嫩江	19.0	81.0	100.0
交叉验证[a]	计数	北安	25	5	30
		嫩江	4	17	21
	占比/%	北安	83.3	16.7	100.0
		嫩江	19.0	81.0	100.0

注:a. 仅对分析中的案例进行交叉验证。在交叉验证中,每个案例都是按照从该案例以外的其他案例派生的函数分类的。

b. 已对初始分组案例中的 84.3% 进行了正确分类。

c. 已对交叉验证分组案例中的 82.4% 进行了正确分类。

由表 4 - 9 结果可知,大豆苷和黄豆黄苷两种大豆异黄酮单体特征指标经验证判别分析,发现通过特征指标建立的判别模型可以将北安与嫩江两大产地的大豆样品分别判断出其产地。该模型对北安产地的正确判别率为 86.7% ,对嫩江产地的正确判别率为 81.0% ,整体正确判别率为 84.3% 。由交叉验证结果可知,不同产地的整体正确判别率为 82.4% ,其中北安产地正确判别率为 83.3% ,即有 83.3% 的大豆样品被正确识别,嫩江产地正确判别率为 81.0% ,即有 81.0% 的大豆样品被正确识别。一般错判率常用来衡量辨别效果,错判率小于 10% 或 20% 将有应用价值。该模型交叉验证的错判率为 17.85% ,小于 20% ,对大豆产地判别具有良好的效果与应用价值,即证明大豆异黄酮单体中的大豆苷和黄豆黄苷生物特征指标对北安和嫩江两大产地的大豆样品具有很好的判别效果。

2. 2016 年不同大豆异黄酮产地溯源的验证判别分析

(1)差异性分析

利用高效液相色谱法检测 2016 年黑龙江省北安和嫩江两大主产区的 64 个大豆中 6 种大豆异黄酮单体含量。利用 SPSS 19.0 软件进行方差分析,结果见表 4 - 9。

表 4 - 9　2016 年黑龙江省不同产地大豆中异黄酮单体含量　　(单位:μg/g)

异黄酮单体	统计分析	北安	嫩江
大豆苷	$\bar{x} \pm s$	1 729.85[a] ±442.09	1 275.30[b] ±329.69
	R	872.31 ~ 2 622.29	579.86 ~ 1 858.28
	$C \cdot V/\%$	25.56	25.85
黄豆黄苷	$\bar{x} \pm s$	532.50[a] ±148.57	408.67[b] ±88.20
	R	330.65 ~ 1 179.33	203.24 ~ 550.19
	$C \cdot V/\%$	27.90	21.58
染料木苷	$\bar{x} \pm s$	1 919.66[b] ±495.11	4 033.68[a] ±1 218.61
	R	976.31 ~ 3 504.86	1 823.07 ~ 6 336.78
	$C \cdot V/\%$	25.79	30.21
大豆苷元	$\bar{x} \pm s$	60.25[a] ±22.24	37.52[b] ±17.06
	R	24.97 ~ 135.32	20.06 ~ 87.19
	$C \cdot V/\%$	36.92	45.48
黄豆黄素	$\bar{x} \pm s$	33.12[a] ±22.58	6.70[b] ±4.62
	R	2.16 ~ 81.25	0 ~ 15.13
	$C \cdot V/\%$	68.16	68.91

表 4 – 9(续)

异黄酮单体	统计分析	北安	嫩江
染料木素	$\overline{x} \pm s$	$42.03^a \pm 58.27$	$51.40^a \pm 23.62$
	R	$10.62 \sim 382.00$	$18.43 \sim 105.77$
	$C \cdot V/\%$	138.65	45.95

注:均值为 $\overline{x}$;标准差为 s;变幅为 R;变异系数为 $C \cdot V$;同行数据比较,字母不同表示差异显著 $(p < 0.05)$,字母相同表示差异不显著 $(p > 0.05)$。

黑龙江省两大主产区大豆中的大豆异黄酮单体含量的差异显著性由表 4 – 10 可知,大豆苷、黄豆黄苷、染料木苷、大豆苷元、黄豆黄苷在北安和嫩江产地中含量差异性显著 $(p < 0.05)$;大豆中大豆异黄酮单体染料木苷在北安和嫩江产地中含量差异不显著 $(p > 0.05)$。其中染料木苷单体的变异系数相比其他异黄酮单体的变异系数较大,在北安产地达到 138.65%,在嫩江产地达到 45.95%。其余异黄酮单体波动系数不大,说明大豆中异黄酮含量在同一产地不同农场内的异黄酮含量波动较小,异黄酮含量稳定。

(2)主成分分析

将 2016 年黑龙江大豆两大主产区的大豆异黄酮含量作为因子变量输入 SPSS 19.0 软件中,进行降维因子分析,得到大豆异黄酮主成分分析结果,见表 4 – 10。

表 4 – 10　大豆异黄酮主成分中各单体的特征向量及累计方差贡献率

异黄酮单体	成分 1	成分 2
大豆苷	0.784	0.458
黄豆黄苷	0.717	0.441
染料木苷	−0.410	0.762
大豆苷元	0.620	−0.236
黄豆黄素	0.670	−0.323
方差贡献率/%	42.609	22.891
累计贡献率/%	42.609	65.500

注:提取方法为主成分。已提取了 2 个成分。

由表 4 – 11 结果分析,主成分选取特征值大于 1 的成分,共提取 2 个主成分。

第 1 主成分的贡献率为 42.609%,第 2 主成分贡献率的为 22.891%,2 个主成分总贡献率达 65.500%。

表 4 - 11 大豆异黄酮的主成分载荷表

异黄酮单体	主成分 1	主成分 2
大豆苷	1.145 94	-0.091 6
黄豆黄苷	1.073 52	-0.100 76
染料木苷	0.572 97	0.731 655
大豆苷元	0.206 61	0.393 88
黄豆黄素	0.142 71	0.477 465

由表 4 - 12 可知,大豆异黄酮单体中大豆苷、黄豆黄苷在第 1 主成分上的载荷值比第 2 主成分的载荷值大,而大豆异黄酮单体中染料木苷、大豆苷元和黄豆黄素在第 2 主成分的载荷值较大。结合主成分特征向量雷达图 4 - 8 也可以更加明确地看出 2 个主成分的特征元素及综合 2 个主成分的信息。第 1 主成分综合了大豆样品中的大豆苷和黄豆黄苷 2 种异黄酮单体含量信息;第 2 主成分主要综合了染料木苷,大豆苷元和黄豆黄素 3 种异黄酮单体含量信息。主成分分析可以较好地起到反映原始数据的作用。

利用 2 个主成分的标准化得分作图。从图 4 - 9 中可以看出,嫩江产地中有 2 个大豆样品的分布较接近于北安产地的大豆样品,但是大部分大豆样品均被正确区分且效果明显。可见,主成分得分图可以把大豆样品分布信息用更直观的方式表现出来。

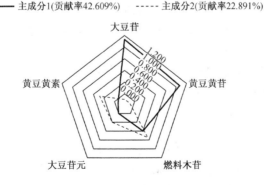

图 4 - 8 大豆异黄酮 2 个主成分的特征向量雷达图

（3）聚类分析

聚类分析是利用数学的方法按照某种相似性或差异性的指标,定量地确定样本之间的类别关系,按照类别亲疏关系程度对样本进行聚类。用大豆异黄酮单体含量作为变量对不同产地的大豆样品进行聚类分析。聚类结果如图4-10所示。

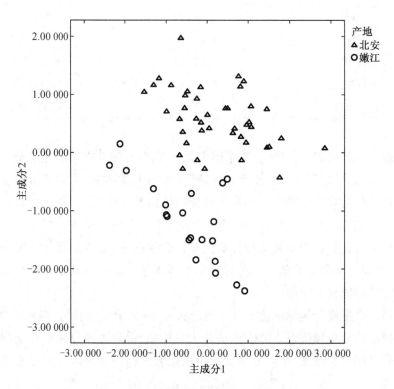

图4-9   2016年不同产地主成分得分图

由图4-10可知,编号1～43为2016年北安产地大豆样品,编号44～64为2016年嫩江产地大豆样品,从图中可以看出,距离为20时,64个大豆样品聚成两大类。北安产地大豆样品全部聚为一类,在嫩江产地的大豆样品中,黑河56和黑科56两个大豆品种样品聚类错误。聚类效果显著,进一步表明大豆异黄酮特征指标能够有效地区分大豆的产地来源。减少了以往人们凭借主观判断所带来的误差,使数据分析更具有直观性、客观性。

（4）判别分析

通过对黑龙江省北安和嫩江两大主产区的大豆样品中大豆异黄酮含量进行方差分析、主成分分析和聚类分析,结果可知,采用大豆异黄酮特征指标分析判别大豆样品产地是可行的。将大豆异黄酮含量指标输入SPSS 19.0软件中,进行判别分析,采用逐步判别的方法。得到黑龙江省两大主产区大豆的产地判别分析结果,见表 4 - 12。

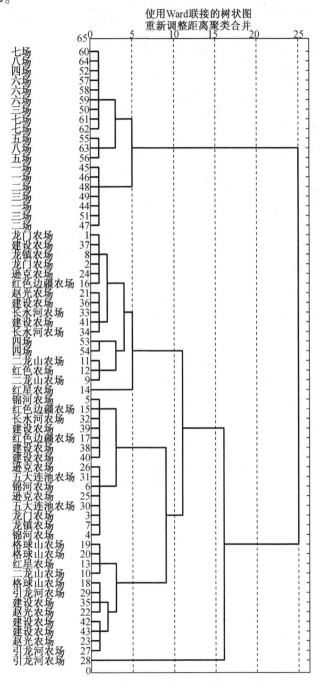

图 4 - 10　2016 年黑龙江省不同产地大豆的聚类分析图

1 ~ 43 为北安;44 ~ 64 为嫩江。

表 4 – 12   2016 年黑龙江省不同产地大豆的判别结果

项目		产地	预测组成员		合计
			北安	嫩江	
初始	计数	北安	43	0	43
		嫩江	0	21	21
	占比/%	北安	100.0	0.0	100.0
		嫩江	0.0	100.0	100.0
交叉验证[a]	计数	北安	43	0	43
		嫩江	0	21	21
	占比/%	北安	100.0	0.0	100.0
		嫩江	0.0	100.0	100.0

注:a. 仅对分析中的案例进行交叉验证。在交叉验证中,每个案例都是按照从该案例以外的所有其他案例派生的函数来分类的。

b. 已对初始分组案例中的全部样本进行了正确分类。

c. 已对交叉验证分组案例中的全部样本进行了正确分类。

由表 4 – 13 结果可知,黑龙江省北安的 43 个大豆样品和嫩江的 21 个大豆样品全部判别正确,利用 6 种大豆异黄酮单体含量成功地将黑龙江省两个大豆主产区进行区分,实现了利用大豆异黄酮单体次生代谢物特征指标进行原产地判别,正确判别率达到 100% 。

表 4 – 13   分类函数系数表

异黄酮单体	北安	嫩江
大豆苷(X_1)	0.011	− 0.001
染料木苷(X_2)	− 0.002	0.006
大豆苷元(X_3)	0.127	0.039
黄豆黄素(X_4)	0.065	− 0.038
(常量)	− 13.716	− 13.894

注:Fiser 的线性判别式函数。

根据表 4 – 13 可知,2016 年黑龙江省主产区大豆样品中的大豆苷、染料木苷、大豆苷元和黄豆黄素等四种大豆异黄酮单体先后被引入判别模型中,得到的 Fisher

线性判别式函数模型为

模型(1): $Y_{北安} = 0.001\,1X_1 - 0.002X_2 + 0.112\,7X_3 + 0.065X_4 - 13.716$

模型(2): $Y_{嫩江} = -0.001X_1 + 0.006X_2 + 0.039X_3 - 0.038X_4 - 13.894$

（5）验证判别分析

为更进一步了解异黄酮各单体特征指标对大豆产地判别结果的准确性,将北安和嫩江不同产地大豆样品中的异黄酮单体特征指标进行验证判别分析。除北安和嫩江产地采集的54个大豆样品以外,在黑龙江主产区又采集了12个大豆样品进行验证判别分析,其中北安产地采集大豆样品6个,嫩江产地采集大豆样品6个。将原有的54个大豆样品中异黄酮单体含量的数据和作为判别变量的12个大豆样品中异黄酮单体含量的数据作为一个分组变量,操作方法同3.2.4。判别结果如表4-14所示。

表4-14　2016年黑龙江省不同产地大豆的验证判别结果

		产地	预测组成员		合计
			北安	嫩江	
初始	计数	北安	48	1	49
		嫩江	0	27	27
	占比/%	北安	98.0	2.0	100.0
		嫩江	0.0	100.0	100.0
交叉验证[a]	计数	北安	48	1	49
		嫩江	0	27	27
	占比/%	北安	98.0	2.0	100.0
		嫩江	0.0	100.0	100.0

注:a. 仅对分析中的案例进行交叉验证。在交叉验证中,每个案例都是按照从该案例以外的所有其他案例派生的函数来分类的。

b. 已对初始分组案例中的98.7%进行了正确分类。

c. 已对交叉验证分组案例中的98.7%进行了正确分类。

通过该判别模型对大豆样品进行归类,由2016年黑龙江省不同产地大豆异黄酮判别结果表4-14可知,利用筛选出的4种大豆异黄酮单体特征指标,将北安与嫩江两大产地中的大豆样品成功判别出来,其中北安产地中有1个大豆样品判别错误,嫩江产地的大豆样品全部归类正确。整体正确判别率为98.7%。交叉验证结果发现,北安和嫩江两个产地的正确判别率为98.7%,其中北安产地的正确判别率为98.0%,即北安有98.0%的大豆样品被正确识别,嫩江产地的正确判别率为100.0%,即嫩江有100.0%的大豆样品被正确识别。该模型的交叉验证错判率为1.0%,小于10%,判别效果较好,进而得出大豆样品中的大豆苷、染料木苷、大豆苷元以及黄豆黄素等4种大豆异黄酮特征指标对北安和嫩江产地的大豆样品具有很好的判别力。

3. 大豆中异黄酮的产地判别分析

(1)不同产地大豆中异黄酮单体和含量分析

为了考察产地因素对大豆异黄酮的地域特征分析,将选取相同年份、相同品种的北安和嫩江两个不同产地的大豆样品中异黄酮单体含量进行方差分析,研究产地因素对大豆异黄酮含量的影响。不同产地的大豆样品中异黄酮单体含量的平均值和标准偏差见表4－15、表4－16所示,结果显示,2015年相同品种大豆样品的大豆异黄酮单体中大豆苷含量在北安和嫩江不同产地差异显著($p < 0.05$),黄豆黄苷和染料木苷等单体含量在不同产地差异极显著($p < 0.01$)。2016年相同品种大豆样品的大豆苷、黄豆黄苷、染料木苷、大豆苷元、黄豆黄素和染料木素等6种大豆异黄酮单体含量在北安和嫩江不同产地差异极显著($p < 0.01$)。综合2015年和2016年不同产地来源的大豆异黄酮单体含量差异显著性,可以看出大豆苷、黄豆黄苷以及染料木苷等3种大豆异黄酮单体含量受产地因素影响较大。

表4－15　2015年不同产地来源大豆异黄酮单体含量　　（单位:μg/g）

单体	北安	嫩江
大豆苷	2 411.18[a] ±479.05	1 907.99[b] ±293.13
黄豆黄苷	631.45[a] ±94.61	432.93[b] ±72.50
染料木苷	6 422.71[a] ±910.23	5 253.51[b] ±548.69
大豆苷元	68.09[a] ±33.93	59.21[a] ±19.24
黄豆黄素	6.59[a] ±4.09	5.5[a] ±2.05
染料木素	78.23[a] ±40.79	74.5[a] ±28.98

注:表格中的数值用平均值±标准差表示;字母不同表示差异极显著($p < 0.01$),字母相同表示差异不显著($p > 0.05$)。

表4-16 2016年不同产地来源大豆异黄酮单体含量(单位:μg/g)

单体	北安	嫩江
大豆苷	$1\,828.11^a \pm 225.07$	$1\,161.55^b \pm 374.21$
黄豆黄苷	$558.86^a \pm 221.04$	$359.49^b \pm 94.45$
染料木苷	$1\,835.50^b \pm 357.46$	$3\,664.52^a \pm 1\,391.18$
大豆苷元	$56.89^a \pm 14.60$	$35.30^b \pm 9.27$
黄豆黄素	$28.91^a \pm 19.25$	$6.24^b \pm 3.51$
染料木素	$27.82^b \pm 13.14$	$52.66^a \pm 20.67$

注:表格中的数值用平均值±标准差表示;字母不同表示差异极显著($p<0.01$),字母相同表示差异不显著($p>0.05$)。

(2)不同品种大豆中异黄酮单体和含量分析

将不同品种的大豆样品中大豆异黄酮含量进行方差分析。选取相同年份、相同产地、不同品种(北豆42号、北汇豆1号、黑河24号、北豆28号、黑河43号、黑河35号、克山1号、北豆10号、黑河45号和华疆4号)的大豆样品中大豆异黄酮单体含量的平均值和标准偏差,见表4-17。结果显示,大豆样品中大豆异黄酮单体大豆苷含量在黑河43号、克山1号、北豆28号中差异极显著($p<0.01$),在黑河43号、黑河45号、北豆28号中差异极显著($p<0.01$),在黑河24号、克山1号、北豆28号中差异极显著($p<0.01$),在黑河24号、黑河45号、北豆28号中差异极显著($p<0.01$),在华疆4号、克山1号、北豆28号中差异极显著($p<0.01$),在华疆4号、黑河45号、北豆28号中差异极显著($p<0.01$),在北汇豆1号、北豆42号、北豆28号中差异极显著($p<0.01$),在黑河35号、北豆42号、北豆28号中差异极显著($p<0.01$),在北豆10号、北豆42号、北豆28号中差异极显著($p<0.01$)。大豆样品中大豆异黄酮单体黄豆黄苷含量在黑河35号、北豆42号中差异极显著($p<0.01$),在黑河35号、北豆28号中差异极显著($p<0.01$),在克山1号、北豆42号中差异极显著($p<0.01$),在克山1号、北豆28号中差异极显著($p<0.01$),在黑河24号、北豆42号中差异极显著($p<0.01$),在黑河24号、北豆28号中差异极显著($p<0.01$),在北汇豆1号、黑河43号、北豆42号中差异极显著($p<0.01$),在北汇豆1号、华疆4号、北豆42号中差异极显著($p<0.01$),在北汇豆1号、北豆28号、黑河43号中差异极显著($p<0.01$),在北汇豆1号、北豆28号、华疆4号中差异极显著($p<0.01$),在北豆10号、北豆42号、黑河43号中差异极显著($p<0.01$),在北豆10号、北豆42号、华疆4号中差异极显著($p<0.01$),在北豆

10 号、北豆 28 号、黑河 43 号中差异极显著($p < 0.01$)，在北豆 10 号、北豆 28 号、华疆 4 号中差异极显著($p < 0.01$)。大豆样品中大豆异黄酮单体染料木苷含量在北汇豆 1 号、黑河 43 号、北豆 28 号中差异极显著($p < 0.01$)，在北汇豆 1 号、黑河 35 号、北豆 28 号中差异极显著($p < 0.01$)，在黑河 45 号、黑河 43 号、北豆 28 号中差异极显著($p < 0.01$)，在黑河 45 号、黑河 35 号、北豆 28 号中差异极显著($p < 0.01$)，在黑河 24 号、北豆 28 号、克山 1 号中差异极显著($p < 0.01$)，在华疆 4 号、北豆 28 号、克山 1 号中差异极显著($p < 0.01$)。大豆样品中大豆异黄酮单体大豆苷元在不同品种中差异不显著($p > 0.05$)。大豆样品中大豆异黄酮单体黄豆黄素在黑河 43 号、黑河 45 号中差异极显著($p < 0.01$)，在北汇豆 1 号、黑河 43 号中差异极显著($p < 0.01$)，在黑河 45 号、北豆 42 号中差异极显著($p < 0.01$)，在北豆 42 号、北汇豆 1 号中差异极显著($p < 0.01$)，在华疆 4 号、黑河 45 号中差异极显著($p < 0.01$)，在华疆 4 号、北汇豆 1 号中差异极显著($p < 0.01$)，在黑河 24 号、黑河 35 号中差异极显著($p < 0.01$)，在黑河 35 号、北豆 28 号中差异极显著($p < 0.01$)，在北豆 28 号、克山 1 号中差异极显著($p < 0.01$)，在北豆 10 号、黑河 35 号中差异极显著($p < 0.01$)，在北豆 10 号、克山 1 号中差异极显著($p < 0.01$)。大豆样品中大豆异黄酮单体染料木素在北汇豆 1 号、黑河 45 号中差异极显著($p < 0.01$)，在黑河 45 号、华疆 4 号中差异极显著($p < 0.01$)。

（3）不同年份大豆中异黄酮单体和含量分析

研究年份因素对大豆异黄酮单体特征的影响，选择相同产地、相同品种、不同年份的大豆样品中异黄酮单体含量进行方差分析，不同年份的大豆异黄酮单体含量的平均值和标准偏差见表 4–18、表 4–19。结果显示，北安产地的相同品种的大豆样品中大豆异黄酮单体大豆苷、染料木苷、黄豆黄素以及染料木素的含量在不同年份差异极显著($p < 0.01$)，黄豆黄苷和大豆苷元等单体含量在 2015 年和 2016 年无显著差异($p > 0.05$)。嫩江产地相同品种的大豆样品中大豆异黄酮单体大豆苷、染料木苷、大豆苷元含量在 2015 年和 2016 年差异极显著($p < 0.01$)，黄豆黄苷、黄豆黄素和染料木素等单体含量在不同年份无显著差异($p > 0.05$)。大豆苷和染料木苷两种单体含量在不同年份中差异极显著($p < 0.01$)，说明不同年份对大豆苷和染料木苷影响较大。

表4-17 不同品种的大豆样品中异黄酮单体含量

单位:(μg/g)

品种	大豆苷	黄豆黄苷	染料木苷	大豆苷元	黄豆黄素	染料木素
北汇豆1号	$1\,878.26^{cd} \pm 55.72$	$427.12^{d} \pm 43.05$	$3\,939.68^{e} \pm 1\,938.86$	$43.06^{b} \pm 1.64$	$15.49^{a} \pm 6.61$	$37.98^{b} \pm 15.32$
黑河43	$2\,411.18^{bc} \pm 467.06$	$631.45^{b} \pm 92.92$	$6\,422.71^{bcd} \pm 889.55$	$68.09^{ab} \pm 33.07$	$6.33^{bcd} \pm 4.38$	$78.23^{ab} \pm 40.33$
黑河45	$1\,490.18^{d} \pm 54.88$	$449.72^{cd} \pm 37.65$	$3\,928.76^{bcd} \pm 188.83$	$96.02^{a} \pm 3.25$	$12.82^{a} \pm 0.84$	$102.24^{a} \pm 4.66$
黑河35	$2\,163.11^{cd} \pm 33.17$	$579.16^{bcd} \pm 30.86$	$6\,036.83^{bcd} \pm 105.15$	$60.85^{ab} \pm 1.63$	$3.22^{d} \pm 0.11$	$67.85^{ab} \pm 1.42$
北豆42	$2\,931.93^{b} \pm 1\,086.77$	$782.46^{a} \pm 270.16$	$7\,201.21^{b} \pm 1\,661.18$	$77.69^{ab} \pm 41.62$	$6.27^{bcd} \pm 3.35$	$58.11^{ab} \pm 23.58$
克山1号	$1\,488.35^{d} \pm 131.28$	$495.44^{bcd} \pm 64.68$	$5\,149.89^{de} \pm 561.91$	$60.65^{ab} \pm 31.91$	$5.09^{cd} \pm 1.62$	$56.76^{ab} \pm 25.73$
北豆28	$3\,874.23^{a} \pm 78.24$	$869.98^{a} \pm 6.63$	$9\,280.83^{a} \pm 176.24$	$95.91^{a} \pm 2.79$	$11.29^{ab} \pm 4.09$	$51.74^{ab} \pm 1.94$
黑河24	$2\,279.32^{bc} \pm 35.39$	$569.14^{bcd} \pm 9.49$	$6\,620.42^{bc} \pm 90.30$	$56.27^{ab} \pm 1.49$	$10.96^{abc} \pm 3.74$	$72.96^{ab} \pm 23.49$
北豆10	$1\,987.77^{cd} \pm 44.76$	$423.35^{d} \pm 11.81$	$5\,780.34^{cd} \pm 83.98$	$70.50^{ab} \pm 0.60$	$11.53^{ab} \pm 0.91$	$81.48^{ab} \pm 0.67$
华疆4号	$2\,407.04^{bc} \pm 55.84$	$606.90^{bc} \pm 53.95$	$7\,020.56^{bc} \pm 122.14$	$49.70^{ab} \pm 23.57$	$6.66^{bcd} \pm 2.59$	$48.36^{b} \pm 21.22$

注:表中数值用平均值±标准差表示;同列数据比较,字母完全不同表示差异极显著($p < 0.01$),首字母相同,后续字母不同表示差异显著($0.01 < p < 0.05$),含有相同字母表示差异不显著($p > 0.05$)。

表 4 - 18   北安产地不同年份的大豆异黄酮单体含量　　　　（单位：μg/g）

单体	2015 年	2016 年
大豆苷	2 411.18ᵃ ±479.05	1 828.11ᵇ ±225.07
黄豆黄苷	631.45ᵃ ±94.61	558.86ᵃ ±221.04
染料木苷	6 422.71ᵃ ±910.23	1 835.50ᵇ ±357.46
大豆苷元	68.09ᵃ ±33.93	56.89ᵃ ±14.60
黄豆黄素	6.59ᵇ ±4.09	28.91ᵃ ±19.25
染料木素	78.23ᵃ ±40.79	27.82ᵇ ±13.14

注：表中数值用平均值±标准差表示；字母不同表示差异极显著（$p < 0.01$），字母相同表示差异不显著（$p > 0.05$）。

表 4 - 19   嫩江产地不同年份的大豆异黄酮单体含量　　　　（单位：μg/g）

单体	2015 年	2016 年
大豆苷	1 907.99ᵃ ±293.13	1 161.55ᵇ ±374.21
黄豆黄苷	432.93ᵃ ±72.50	359.49ᵃ ±94.45
染料木苷	5 253.51ᵃ ±548.69	3 664.52ᵇ ±1 391.18
大豆苷元	59.21ᵃ ±19.24	35.30ᵇ ±9.27
黄豆黄素	5.5ᵃ ±2.05	6.24ᵃ ±3.51
染料木素	74.5ᵃ ±28.98	52.66ᵃ ±20.67

注：表中数值用平均值±标准差表示；字母不同表示差异极显著（$p < 0.01$），字母相同表示差异不显著（$p > 0.05$）。

（4）产地、品种和年份对大豆异黄酮含量的影响分析

利用 SPSS 19.0 软件一般线性模型进行对大豆异黄酮单体含量的多变量分析，即对大豆异黄酮含量单体的主效应和交互效应的方差分析，以及分析产地、品种、年份及它们之间的交互作用对大豆异黄酮单体含量变异的影响。结果见表 4 - 20所示，产地因素对大豆异黄酮单体中的黄豆黄苷、染料木苷以及黄豆黄素含量具有极显著的影响（$p < 0.01$），对大豆异黄酮单体中的大豆苷含量具有显著的影响（$p < 0.05$）；品种因素对大豆异黄酮单体中的黄豆黄素和染料木素含量极显著的影响（$p < 0.01$）；大豆苷、染料木苷、大豆苷元、黄豆黄素和染料木素等大豆异黄酮单体含量受年份因素影响差异极显著（$p < 0.01$），大豆异黄酮单体中的黄豆黄苷含量受年份因素影响差异显著（$p < 0.05$）。

产地因素和品种因素的交互作用对大豆异黄酮单体中的大豆苷有含量差异极

显著的影响($p < 0.01$);产地因素和年份因素的交互作用对大豆异黄酮单体中的染料木苷和黄豆黄素含量有差异极显著的影响($p < 0.01$);品种因素和年份因素的交互作用对大豆异黄酮单体中的黄豆黄素含量有差异极显著的影响($p < 0.01$)。与张大勇研究各因素对大豆异黄酮含量分析结果相似。

表 4 - 20　产地、品种和年份对大豆异黄酮含量的影响分析表

主体间效应的检验

源	因变量	Ⅲ型平方和	df	均方	F	Sig.	偏 Eta 方
产地	大豆苷	1 759 348.958	1	1 759 348.958	5.545	0.020	0.052
	黄豆黄苷	293 250.312	1	293 250.312	18.204	0.000	0.153
	染料木苷	45 983 058.983	1	45 983 058.983	11.543	0.001	0.103
	大豆苷元	1 717.524	1	1 717.524	1.919	0.169	0.019
	黄豆黄素	6 479.026	1	6 479.026	19.917	0.000	0.165
	染料木素	4 228.402	1	4 228.402	1.813	0.181	0.018
品种	大豆苷	17 638 848.112	48	367 476.002	1.227	0.232	0.522
	黄豆黄苷	680 584.081	48	14 178.835	0.618	0.954	0.354
	染料木苷	234 116 180.192	48	4 877 420.421	1.230	0.230	0.522
	大豆苷元	50 565.598	48	1 053.450	1.370	0.131	0.549
	黄豆黄素	27 819.752	48	579.578	2.718	0.000	0.707
	染料木素	179 386.967	48	3 737.228	3.341	0.000	0.748
年份	大豆苷	10 914 720.505	1	10 914 720.505	48.155	0.000	0.323
	黄豆黄苷	101 329.766	1	101 329.766	5.627	0.020	0.053
	染料木苷	299 758 740.396	1	299 758 740.396	203.783	0.000	0.669
	大豆苷元	7 796.564	1	7 796.564	9.340	0.003	0.085
	黄豆黄素	7 065.240	1	7 065.240	22.113	0.000	0.180
	染料木素	21 612.721	1	21 612.721	10.005	0.002	0.090
产地 - 品种	大豆苷	1 588 564.231	3	529 521.410	5.285	0.004	0.279
	黄豆黄苷	88 841.712	3	29 613.904	1.710	0.180	0.111
	染料木苷	3 922 193.674	3	1 307 397.891	1.642	0.195	0.107
	大豆苷元	182.844	3	60.948	0.083	0.969	0.006
	黄豆黄素	438.231	3	146.077	1.744	0.173	0.113
	染料木素	74.556	3	24.852	0.025	0.995	0.002

表 4 – 20(续)

主体间效应的检验

源	因变量	Ⅲ型平方和	df	均方	F	Sig.	偏 Eta 方
产地 – 年份	大豆苷	2 793.461	1	2 793.461	0.028	0.868	0.001
	黄豆黄苷	1 207.192	1	1 207.192	0.070	0.793	0.002
	染料木苷	20 323 652.560	1	20 323 652.560	25.525	0.000	0.384
	大豆苷元	414.464	1	414.464	0.583	0.457	0.014
	黄豆黄素	621.072	1	621.072	7.417	0.009	0.153
	染料木素	1 682.833	1	1 682.833	1.705	0.199	0.040
品种 – 年份	大豆苷	212 669.373	6	35 444.895	0.354	0.904	0.049
	黄豆黄苷	38 441.981	6	6 406.997	0.370	0.894	0.051
	染料木苷	3 064 782.620	6	510 797.103	0.642	0.696	0.086
	大豆苷元	1 124.433	6	187.405	0.255	0.955	0.036
	黄豆黄素	1 680.687	6	280.114	3.345	0.009	0.329
	染料木素	1 260.402	6	210.067	0.213	0.971	0.030

(5)与产地直接相关的异黄酮单体主成分分析

综合分析以上建立的不同产地、品种以及年份的试验田研究内容,初步筛选出与产地直接影响较大的大豆苷、黄豆黄苷、染料木苷和黄豆黄素等 4 种大豆异黄酮单体特征指标。将筛选出的异黄酮特征指标进行主成分分析,结果见表 4 – 21。

表 4 – 21　大豆异黄酮主成分中各单体的特征向量及累计方差贡献率

异黄酮	成分 1	成分 2
大豆苷	0.900	0.273
黄豆黄苷	0.722	0.501
染料木苷	0.816	– 0.417
黄豆黄素	– 0.305	0.875
方差贡献率/%	52.263	31.594
累计贡献率/%	52.263	83.857

注:提取方法为主成。已提取了 2 个成分。

从大豆异黄酮的 2 个主成分中各单体的特征向量及累计方差贡献率表中结果

显示,大豆苷、黄豆黄苷、染料木苷和黄豆黄素均进入了主成分分析中。总方差83.857%的贡献率来自前 2 个主成分。其中第 1 主成分方差贡献率为 52.263%,第 1 主成分 2 方差贡献率为 31.594%。

从表 4 – 22、图 4 – 11 中可以看出,直接与产地相关的 4 种大豆异黄酮单体中大豆苷和黄豆黄苷在第 1 主成分上载荷较大,说明大豆苷和黄豆黄苷与第 1 主成分的相关程度较高。大豆异黄酮单体中染料木苷和黄豆黄素在第 2 主成分上载荷较大,即染料木苷和黄豆黄素与第 2 主成分的相关程度较高,其中染料木苷在第 2 主成分的载荷绝对值较大,即负相关程度较高。经图表分析可以得出,第 1 主成分为大豆苷和黄豆黄苷,第 2 主成分为染料木苷和黄豆黄素。

表 4 – 22　主成分载荷表

异黄酮	成分 1	成分 2
大豆苷	0.481	−0.015
黄豆黄苷	0.492	0.184
染料木苷	0.186	−0.476
黄豆黄素	0.202	0.678

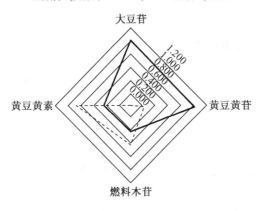

图 4 – 11　2 个主成分特征向量雷达图

根据第 1、第 2 主成分的标准化得分作图,如图 4 – 12 所示。北安和嫩江两大产地的大豆分布虽然有部分交叉,但可直观地看出,北安和嫩江两地的大豆样品分布于平面图的两侧,且第 1 主成分和第 2 主成分综合了来源于不同产地的大豆样品中的大豆苷、黄豆黄苷、染料木苷和黄豆黄素等 4 种异黄酮单体含量信息。说明通过筛选出的这 4 种异黄酮单体能够较好地将来源于不同产地的大豆样品进行区分,这些异黄酮单体所包含的产地信息能够应用于大豆的产地溯源体系中。可见,主成分分析可以把大豆样品中的多种异黄酮单体的信息通过综合的方式更加直观地展现出来。

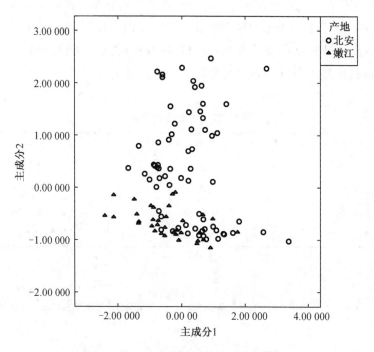

图 4 - 12　不同产地大豆的主成分得分图

(6)与产地直接相关的异黄酮单体聚类分析

2015 年和 2016 年来自黑龙江省大豆主产区北安的 67 个大豆样品和嫩江的 36 个大豆样品,共 103 个大豆样品,对其中的大豆异黄酮含量进行系统聚类,如图 4 - 13 所示。编号 1 ~ 67 为北安产地大豆样品,编号 68 ~ 103 为嫩江产地大豆样品,因聚类标准不同时,其聚类结果也不同。从树状图可以看出,当聚类标准为 10 时,可以将黑龙江主产区大豆样品分为两大类,第一类为嫩江产地的大豆样品,第二类为北安产地的大豆样品。其中嫩江约有 1/12 的大豆样品归类到北安产地,北安产地的大豆样品约有 3/10 的大豆样品归类到嫩江产地,虽然在聚类分析过程中出现了归类错误,但是大多数的大豆样品产地区分正确,取得了较好的效果。

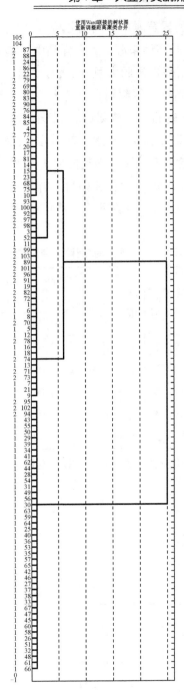

图 4 – 13　不同产地大豆的聚类分析图

1 ~ 67 号为北安产地;68 ~ 103 为嫩江产地。

（7）与产地直接相关的异黄酮单体判别分析

通过对北安和嫩江不同产地来源的大豆样品中异黄酮含量的方差分析和主成分分析研究结果可知,利用筛选出的大豆苷、黄豆黄苷、染料木苷以及黄豆黄素等4 种大豆异黄酮单体特征指标进行判别大豆的产地是可行的。为研究各大豆异黄酮单体特征指标对大豆产地的判别效果,将来源于不同产地的有显著性差异的4 种大豆异黄酮单体进行费歇尔(Fisher)逐步判别分析,采用步进式方法筛选出对大豆产地溯源有效的变量,建立产地溯源判别模型。见表4 – 23 所示,发现大豆样品中大豆异黄酮单体的大豆苷、黄豆黄苷和染料木苷等3 种溯源指标先后被引入判别模型中,得到判别模型如表4 – 24 所示。

表4 – 23   输入的/删除的变量[a,b,c,d]

步骤	输入的	删除的	Wilks 的 Lambda							
			统计量	df1	df2	df3	精确 F			
							统计量	df1	df2	Sig.
1	黄豆黄素		0.835	1	1	101.000	19.917	1	101.000	0.000
2	黄豆黄苷		0.703	2	1	101.000	21.081	2	100.000	0.000
3	染料木苷		0.622	3	1	101.000	20.069	3	99.000	0.000
4	大豆苷		0.563	4	1	101.000	18.984	4	98.000	0.000
5		黄豆黄素	0.570	3	1	101.000	24.900	3	99.000	0.000

注:在每个步骤中,输入了最小化整体 Wilk 的 Lambda 的变量。

a. 步骤的最大数目是8。

b. 要输入的最小偏 F 是3.84。

c. 要删除的最大偏 F 是2.71。

d. F 级、容差或 VIN 不足以进行进一步计算。

表4 – 24   分类函数系数表

异黄酮	北安	嫩江
大豆苷(X_1)	0.004	0.001
黄豆黄苷(X_2)	0.028	0.022
染料木苷(X_3)	– 0.001	0.000 4
（常量）	– 11.214	– 7.345

注:Fisher 的线性判别函数

由表 4 - 25 可知,Fisher 的线性判别函数如下:

模型(1):$Y_{北安} = 0.004X_1 + 0.028X_2 - 0.001X_3 - 11.214$

模型(2):$Y_{嫩江} = 0.001X_1 + 0.022X_2 + 0.0004X_3 - 7.345$

由表 4 - 25 可以看出,通过筛选出的大豆异黄酮单体特征指标,成功地将黑龙江省北安和嫩江两个大豆主产区进行区分。大豆产地的整体正确判别率达 81.6%。实现了利用大豆异黄酮次生代谢物对大豆原产地的判别,具有有效的判别力。

表 4 - 25　不同产地大豆的判别结果

项目		产地	预测组成员		合计
			北安	嫩江	
初始	计数	北安	50	17	67
		嫩江	2	34	36
	占比/%	北安	74.6	25.4	100.0
		嫩江	5.6	94.4	100.0
交叉验证[a]	计数	北安	50	17	67
		嫩江	2	34	36
	占比/%	北安	74.6	25.4	100.0
		嫩江	5.6	94.4	100.0

注:a. 仅对分析中的案例进行交叉验证。在交叉验证中,每个案例都是按照从该案例以外的其他案例派生的函数分类的。

　　b. 已对初始分组案例中的 81.6% 进行了正确分类。

　　c. 已对交叉验证分组案例中的 81.6% 进行了正确分类。

(8)与产地直接相关的异黄酮单体验证判别分析

为进一步考察各大豆异黄酮单体特征指标对大豆产地的判别结果,验证判别分析其准确性,除黑龙江省北安和嫩江产地采集的 103 个大豆样品以外,又采集了 24 个大豆样品作为判别变量,其中北安产地大豆样品采集 12 个,嫩江产地大豆样品采集 12 个。将原有的北安和嫩江产地的 103 个大豆异黄酮含量的数据和作为判别变量的 24 个大豆异黄酮含量的数据合成一个分组变量,进行验证判别分析,判别结果见表 4 - 26。

表4-26　不同产地大豆的判别结果

项目		产地	预测组成员		合计
			北安	嫩江	
初始	计数	北安	60	19	79
		嫩江	5	43	48
	占比/%	北安	75.9	24.1	100.0
		嫩江	10.4	89.6	100.0
交叉验证[a]	计数	北安	59	20	79
		嫩江	5	43	48
	占比/%	北安	74.7	25.3	100.0
		嫩江	10.4	89.6	100.0

注:a. 仅对分析中的案例进行交叉验证。在交叉验证中,每个案例都是按照从该案例以外的其他案例派生的函数分类的。

b. 已对初始分组案例中的81.1%进行了正确分类。

c. 已对交叉验证分组案例中的80.3%进行了正确分类。

由表4-26可以看出,通过筛选出的大豆异黄酮特征指标,成功将黑龙江省主产区的大豆样品判别出来,整体正确判别率达到81.1%,北安产地的正确判别率为75.9%,嫩江产地的正确判别率为89.6%。交叉验证结果显示,北安和嫩江两个大豆产地的整体正确判别率达80.3%,其中北安产地有74.7%的大豆样品被正确识别,嫩江产地有89.6%的大豆样品被正确识别。一般依据错判率来衡量判别模型的判别效果,要求判别模型的错判率小于10%或者20%,其才有应用价值。此判别模型交叉验证的错判率为17.85%,小于20%,该结果对大豆产地溯源判别具有应用价值。证明筛选出的大豆异黄酮单体特征指标中大豆苷、黄豆黄苷以及染料木苷对黑龙江省北安和嫩江两大主产区的大豆样品具有有效的判别力。

4.3.2　大豆异黄酮产地溯源数据库的构建

为验证所构建的数据库中存储的信息是否准确,首先要对测试系统中用户登录、数据库操作、数据库查询等功能进行检测,查看测试系统的完整性,以方便检测数据库中的信息。

1. 用户登录测试

对于用户登录测试,将分别使用管理员账号以及普通用户账号进行登录,输入正确时,均可以跳转到相应界面,如通过验证则会跳转到主界面中。用户登录界面图,如图 4 - 14 所示。

图 4 - 14　用户登录界面图

测试系统为管理员提供默认账号和密码,登录成功后,会显示管理员用户主界面,如图 4 - 15 所示。

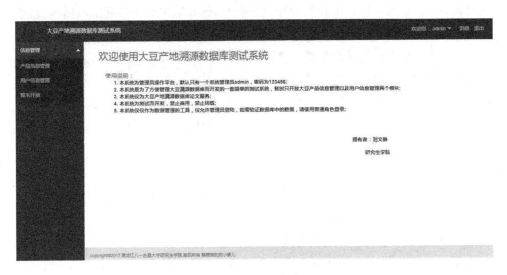

图 4 - 15　管理员用户主界面图

测试系统为普通用户提供默认账号和密码,登录成功后,会显示普通用户主界面,如图 4 - 16 所示。

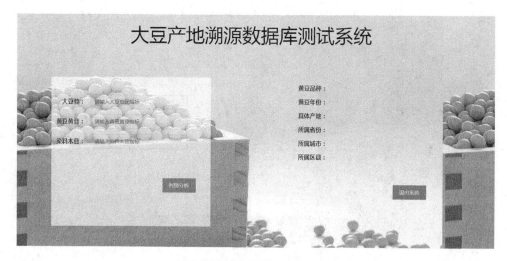

图 4 - 16　普通用户主界面图

2. 数据库操作测试

对数据库操作进行测试,分别在产品信息管理和用户信息管理中进行添加、修改或删除大豆样品及用户信息等操作,将用于检测数据库是否具有随时增添、修改及删除等功能。

管理员可以对普通用户的信息进行管理,也可以对大豆产地的信息进行管理,当点击菜单中的产品信息管理选项时,会显示所有大豆产地、品种以及异黄酮单体特征指标等信息的列表,可以点击左上角的新增按钮以添加大豆产地、品种、特征指标等信息,点击每条信息后面的修改及删除选项,可以对大豆信息进行修改及删除等操作,如图 4 - 17 所示。

3. 数据库查询验证

普通用户在登录界面登录后会进入普通用户对应的界面,在该界面中输入对应的大豆特征指标值,点击判别分析选项,可以查询出该大豆的产地。此处以黑河 43 号为例进行查询,输入大豆异黄酮单体中的大豆苷、黄豆黄苷以及染料木苷含量的参数值,可以准确地从数据库中查找出该大豆的品种、年份以及具体产地等信息,如图 4 - 18 所示。

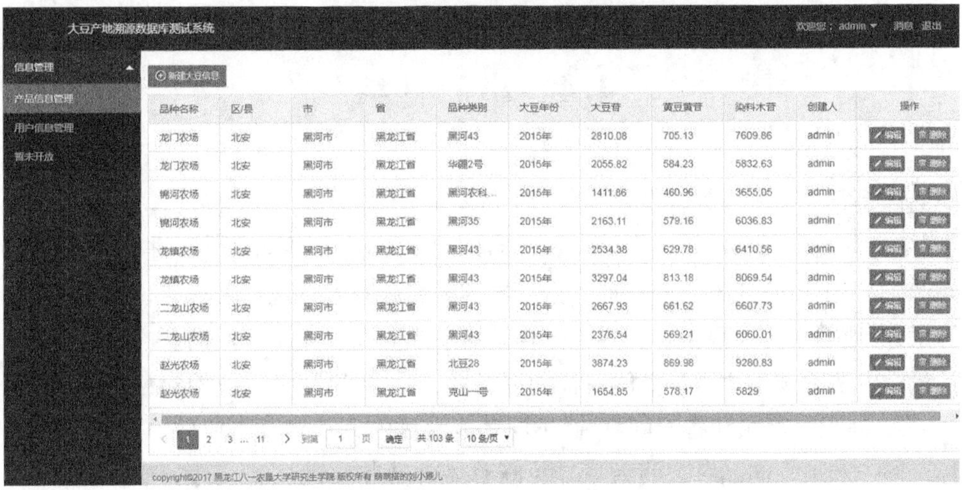

图 4 – 17　大豆信息管理界面图

图 4 – 18　用户查询界面图

　　为验证所构建数据库中信息的准确性,将所要查询的大豆样品中已知含量的大豆苷、黄豆黄苷、染料木苷等异黄酮特征信息,通过测试系统检验对数据库的信息进行验证,观察其能否验证判别分析大豆产地。当不是黑龙江省北安和嫩江两大产地的大豆样品时,所输入系统中的信息则不会出现大豆产地、品种、年份等溯源信息,测试系统的前台会自动返回查询界面。

4.4 小　　结

以黑龙江省大豆样品为研究对象,对不同产地、不同品种的大豆样品进行测定,结合方差、主成分、聚类、判别以及验证判别等化学计量学分析,进行溯源指标筛选,探讨了黑龙江省不同产地中大豆异黄酮溯源的可行性。考虑年份因素、品种因素、产地因素对大豆中异黄酮单体含量的主效应以及交互作用的影响,通过化学计量学方法筛选出大豆异黄酮特征溯源指标,建立判别模型以及构建数据库。

1. 确定了黑龙江省不同品种、不同产地大豆中大豆异黄酮单体的溯源特征指标。同一产地不同品种之间大豆异黄酮单体含量差异极显著,不同产地大豆异黄酮单体含量总体无显著差异。可以利用大豆异黄酮的单体在不同品种大豆中的含量作为对大豆异黄酮溯源特征指标实现品种溯源。

2. 针对 2015 年黑龙江省北安和嫩江两个不同产地的大豆样品中 6 种大豆异黄酮单体含量,结合化学计量学方法进行产地判别分析,利用大豆异黄酮特征指标对大豆产地的整体正确判别率为 84.3%,且北安和嫩江两个产地有 82.4% 的大豆样品被正确识别,满足产地判别要求,初步证明根据大豆异黄酮单体特征指标可以进行产地溯源分析。

3. 针对 2016 年黑龙江省主产区北安和嫩江不同产地的大豆样品进行异黄酮单体含量,结合方差、主成分、聚类、判别和验证判别等化学计量学方法分析,实现大豆产地的判别,正确判别率和交叉验证的正确判别率均达到 98.7%,进一步证明了大豆异黄酮单体特征指标在判别大豆产地溯源是可行的。

4. 分析产地、品种、年份的主效应以及各因素间的交互作用对大豆异黄酮单体含量的影响,经化学计量学筛选与产地直接相关的溯源指标建立了判别模型,该模型对北安和嫩江两个大豆产地的正确判别率达到 81.1%,交叉验证结果表明,两个产地中有 80.3% 的大豆样品被正确识别,证明所筛选的大豆苷、黄豆黄苷和染料木苷等 3 种大豆异黄酮单体特征指标对黑龙江省大豆产地溯源具有有效判别力。

5. 通过对大豆异黄酮产地溯源数据库的构建,有效地记录、保存大豆异黄酮特征指标信息。方便管理人员和消费者及时地对大豆内在质量和产地信息进行查询,有效地通过特征指标识别大豆真实信息,对大豆内在质量评价和产地溯源具有重要作用。

第5章 基于大豆脂肪酸和大豆异黄酮的产地鉴别

5.1 研究概述

前期研究了大豆脂肪酸和异黄酮成分含量与产地间的相关性关系,并分别建立了基于脂肪酸含量和基于异黄酮含量的大豆产地判别模型。本章通过对比主成分分析、多元线性回归、偏最小二乘、支持向量机、神经网络等多元统计方法的模型性能,进一步确定采用支持向量机分别创建大豆脂肪酸和异黄酮产地判别模型。在分析脂肪酸联合异黄酮的建模性能时,针对脂肪酸和异黄酮含量联合指标与产地间的相关性差异和支持向量机参数优化的需求,使用同步优化策略对特征指标和模型参数进行优化,以建立大豆产地非线性判别模型。对线性判别模型和非线性判别模型的性能进行评估,从而构建基于大豆脂肪酸与异黄酮含量联合指标的产地判别模型。

技术路线如图 5-1 所示。

图 5-1 技术路线图

5.2　材料与方法

5.2.1　大豆样品采集与测定

1. 大豆样品采集与处理

黑龙江省黑河市、绥化市、中储粮、农垦北安管理局、牡丹江管理局、宝泉岭管理局采集大豆样品。2018 年采集北安大豆样品 47 个,其他地点大豆样品 56 个,共计采集 103 个大豆样品。2019 年采集北安大豆样品 21 个,其他地点大豆样品 63 个,共计采集 84 个大豆样品。2018 年和 2019 年共计采集北安大豆样品 68 个,其他地点大豆样品 119 个。

2. 大豆脂肪酸含量测定

采用气相色谱法测定大豆样品中脂肪酸单体含量。

3. 大豆异黄酮含量测定

采用高效液相色谱法测定大豆样品中异黄酮单体含量。

5.2.2　产地判别模型的相关理论

1. 支持向量机理论

支持向量机(SVM)是一种基于小样本统计学习理论和结构风险最小化原则的机器学习方法,具有良好的泛化能力,能够有效地处理各种非线性问题。SVM 作为一种非线性多元定量校正方法,其目标就是要寻求函数 $f(x)$,使其在训练后能够通过样本以外的自变量 x 预测对应的因变量 y,即寻求回归函数 $f(x)$,其计算公式为

$$f(x) = (\boldsymbol{w}^{\mathrm{T}} x) + b$$

式中,w 为权重,b 为阈值。

所求的回归函数 $f(x)$ 是使下面的目标函数最小,目标函数计算公式为

$$\min\left(\frac{1}{2} \|\boldsymbol{w}\|^2 + c \cdot R_{\mathrm{emp}} \right)$$

式中,c 为惩罚因子;R_{emp} 为训练误差。

SVM 基本思想是利用非线性变换将原问题映射到高维特征空间的线性问题上,并在该空间中进行线性回归,而这种非线性变换是通过定义适当的内积函数实

现的。在高维特征空间中,线性问题中的内积运算可以用核函数代替,常用的核函数有线性核函数、多项式核函数、径向基(RBF)核函数、Sigmoid 核函数等。其中,在求解非线性多变量回归问题时,RBF 核函数应用较多。最常用的 RBF 核函数是高斯核函数,其计算公式如下:

$$K(u,v) = \exp(-\gamma \|u-v\|^2)$$

$$\gamma = \frac{1}{2\sigma^2}$$

式中,u 为空间内任一点,v 为中心点,σ 为宽度参数。

在建立 SVM 模型时,惩罚参数 c、RBF 核函数参数 γ 和不敏感损失函数参数 ε 对建模性能具有重要影响。SVM 相关参数的选取直接关系 SVM 的预测精度,采用网格搜索方法进行 SVM 参数寻优时,只有将寻优步长设置的较小才可能获得较好的寻优效果,但这需要大量的计算时间。因此,提出了基于遗传模拟退火算法(GSA)、遗传算法(GA)和粒子群优化算法(PSO)对 SVM 分类模型的参数进行优化。

2. 遗传模拟退火算法

GSA 融合了 GA 和模拟退火算法(SA)的优势,通过结合温度参数设计适应度函数和 Metropolis 选择复制策略,既提高了算法运行早期(高温时)种群的多样性,又扩大了进化后期(低温时)优良染色体的适应度函数值,能够有效克服 GA 早熟收敛和进化后期搜索效率低的不足。GSA 算法主要包括如下三方面的内容。

(1)算法初始化

算法初始化包括编码、种群初始化、初温设定、退温操作设计、进化代数设定等。在使用 GSA 进行特征指标优选时,编码方式采用二进制编码,码长为待优选参数个数。"1"和"0"分别表示该参数对应的数据"是""否"选中参与运算。例如,GSA 算法一个码长为 10 的染色体"1000010001"表示从左到右的第 1、6 和 10 位被选中,其对应的参数为的数据都要参与建模或回归计算。在使用 GSA 进行 SVM 参数优选时,编码方式采用二进制编码,解码方式采用二进制实数解码。种群初始化时随机产生一个 $M \times L$ 的二元矩阵,其中 M 为种群规模,L 为码长。初温确定采用 $t_0 = K(f_{0\_\max} - f_{0\_\min})$ 的形式,其中初温确定系数 K 是一个正整数,$f_{0\_\max}$ 和 $f_{0\_\min}$ 分别对应着初始种群中的最大和最小目标函数值。退温操作采用 $t_{n+1} = \alpha t_n$ 的形式,α 为退温系数,且 $0 < \alpha < 1$。

(2)适应度函数设计

适应度函数对算法的进化方向起指导作用,其设计合理性直接决定着算法的优化性能。若采用分类准确率(accuracy ratio, AR)为作为 GSA 算法的待优化目标函数,则 AR 越大预示着模型的分类性能越好,属于最大值优化问题,可以结合温度参数对 GSA 算法的适应度函数进行优化设计,具体计算公式为

$$fit(x) = \exp\left(-\frac{f_{\max} - f(x)}{t}\right)$$

式中,$f(x)$ 为当前染色体的目标函数值,$f_{\max}$ 为当前代种群中的最大目标函数值,t 为当前代温度值。

若选择交叉验证均方根误差(RMSECV)作为 GSA 算法的待优化目标函数,RMSECV 越小预示着校正模型的预测性能越好,属于最小值优化问题。而 GSA 算法进化过程中采用赌轮选择,适应度函数值越大越容易遗传给下一代,因此必须对目标函数加以转换。结合温度参数对 GSA 算法的适应度函数进行设计,具体计算公式为

$$fit(x) = \exp\left(-\frac{f(x) - f_{\min}}{t}\right)$$

式中,$f(x)$ 为当前染色体的目标函数值,$f_{\min}$ 为当前代种群中的最小目标函数值,t 为当前代温度值。

采用此适应度函数设计方法,使得算法在初始阶段(高温时)计算的适应度函数值差异较小,能够有效避免个别优良染色体充斥整个种群,导致算法收敛到局部最优解;在进化后期(低温时)优良染色体具有相对更大的适应度函数值,更容易遗传给下一代,进而加快算法的搜索速度。

(3)进化过程设计

算法的进化过程包括选择、交叉、变异和 Metropolis 选择复制操作四部分组成。选择操作采用带最优保留策略的赌轮选择,交叉操作采用离散重组交叉,变异操作采用离散变异策略,Metropolis 选择复制操作由邻域解的构建和状态接受函数两部分构成。

邻域解的构建采用多位变异策略,在当前染色体 i 中随机选择 m 位进行位变异,生成新染色体 j。状态接受函数基于 Metropolis 判别准则实现。若求解最大化问题,Metropolis 判别准则具体执行过程为:令 $\Delta f = fit(i) - fit(j)$,若 $\Delta f \leq 0$,则新染色体 j 将被复制到下一代种群中;若 $\Delta f > 0$,则生成一个随机数 $r \in [0,1]$,当 $r < \exp\left(\frac{-\Delta f}{t}\right)$ 时,新染色体 j 仍将被复制到下一代种群中;否则,把染色体 i 复制到下一代种群中。若求解最小化问题,Metropolis 判别准则具体执行过程为:令 $\Delta f = fit(j) - fit(i)$,若 $\Delta f \leq 0$,则新染色体 j 将被复制到下一代种群中;若 $\Delta f > 0$,则生成一个随

机数 $r \in [0,1]$，当 $r < \exp\left(\dfrac{-\Delta f}{t}\right)$ 时，新染色体 j 仍将被复制到下一代种群中；否则，把染色体 i 复制到下一代种群中。

在适应度函数和 Metropolis 判别准则中引入温度参数，使算法在高温时接受劣质解的能力维持较强态度，保证了种群的多样性，避免"早熟"。而当温度下降时，为了使优良染色体更容易遗传给下一代，进一步加快算法的收敛速度。GSA 优化特征变量流程如图 5 - 2 所示。

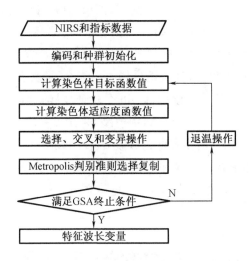

图 5 - 2　GSA 优化特征指标变量流程图

3. 特征指标与支持向量机参数同步优化

本研究使用 GSA 进行大豆脂肪酸、异黄酮特征指标和 SVM 参数的同步优选，以脂肪酸、异黄酮指标个数为基因，以特征变量和 SVM 的 3 个待优化参数为染色体，染色体的码长为基因长度的 4 倍。以校正集 SVM 的 RMSECV 为目标函数，采用二进制编码。解码时要针对特征指标基因和支持向量机参数基因进行独立解码，其中特征指标基因的二进制"1"和"0"对应着带优化指标位是否选中参与运算，而支持向量机参数基因采用的是二进制实数解码。

特征指标与支持向量机参数同步优化算法的时间复杂度与使用 GSA 算法优化特征指标的时间复杂度位于同一量级。而传统建模过程中特征指标优选和 SVM 参数优化分两步进行时，时间复杂度为特征指标优选时间复杂度与 SVM 参数优化时间复杂度的乘积，运算量将呈几何级增长，提出的同步优选算法能够解决传统分两步优化运算量激增的问题。

5.3　结果与分析

5.3.1　基于脂肪酸的大豆产地支持向量机判别模型

对 2018 和 2019 年采集的 187 个大豆样品按照不同产地设置标签,从 0 到 6 依次代表产地为北安管理局、宝泉岭管理局、黑河市、牡丹江管理局、绥化市、中储粮,以 14 个脂肪酸指标(辛酸、癸酸、月桂酸、肉豆蔻酸、棕榈酸、棕榈油酸、硬脂酸、油酸、亚油酸、花生酸、亚麻酸、山嵛酸、顺 – 13 – 二十二烯酸、木蜡酸)为输入变量。按照 4:1 的比例划分样本集,得到校正集样本 141 个,验证集样本 46 个,以 141 个校正集样本建立 SVM 产地判别模型,以 46 个验证集样本对模型的性能进行验证。基于 LIBSVM 工具箱建立 SVM 产地判别模型,采用 C – SVC 作为分类模型,采用 RBF 作为核函数,待优化包括参数惩罚参数 C、核函数参数 γ 和不敏感损失函数参数 ε(设为 0.01)。基于 GSA、GA 和 PSO 和网格搜索结合 K 折交叉验证的分类准确率对分类模型的参数 C 和 γ 进行优化,并建立对应的 SVM 分类模型,大豆产地脂肪酸 SVM 判别模型的建模结果见表 5 – 1。

表 5 – 1　大豆产地脂肪酸 SVM 判别模型

优化方法	C	γ	ε	样本集	样本个数	产地判别正确个数	判别准确率/%
PSO	0.603 2	13.735 7	0.01	校正集	141	141	100
				验证集	46	37	80.43
GA	0.689 2	8.913 3	0.01	校正集	141	141	100
				验证集	46	39	84.78
GSA	0.742 4	11.168 9	0.01	校正集	141	141	100
				验证集	46	40	86.96

由 SVM 判别模型结果可知,GSA、GA 和 PSO 搜索参数建模的校正集准确率都是为 100%,验证集准确率分别为 86.96%、84.78% 和 80.43%%,说明 SVM 非线性模型与脂肪酸结合性能良好。GSA 和 GA 优选参数的建模性能优于 PSO 搜索参数的建模性能,其中 GSA 校正集建模性能最佳。从判别模型的精度来开,GSA 通过融合 GA 和 SA 各自优势优化 SVM 参数建立的脂肪酸判别模型能够基本满足实

际大豆产地判别的需求。

5.3.2　基于异黄酮的大豆产地支持向量机判别模型

对 2018 和 2019 年采集的 187 个大豆样品按照不同产地设置标签,从 0 到 6 依次代表产地为北安管理局、宝泉岭管理局、黑河市、牡丹江管理局、绥化市、中储粮,以 5 个异黄酮指标(大豆苷、黄豆黄苷、染料木苷、大豆苷元、染料木素)为输入变量。按照 4∶1 的比例划分样本集,得到校正集样本 141 个,验证集样本 46 个,以 141 个校正集样本建立 SVM 产地判别模型,以 46 个验证集样本对模型的性能进行验证。基于 LIBSVM 工具箱建立 SVM 产地判别模型,采用 C – SVC 作为分类模型,采用 RBF 作为核函数,待优化包括参数惩罚参数 C、核函数参数 γ 和不敏感损失函数参数 ε(设为 0.01)。基于 GSA、GA 和 PSO 结合 K 折交叉验证的分类准确率对分类模型的参数 C 和 γ 进行优化,并建立对应的 SVM 分类模型,大豆产地异黄酮 SVM 判别模型的建模结果见表 5 – 2 所示。

表 5 – 2　大豆产地异黄酮 SVM 判别模型

优化方法	C	γ	ε	样本集	样本个数	产地判别正确个数	判别准确率/%
PSO	21.426 6	80.250 5	0.01	校正集	141	137	97.16
				验证集	46	36	78.26
GA	11.136 5	80.984 3	0.01	校正集	141	140	99.29
				验证集	46	37	80.43
GSA	11.647 5	71.895 8	0.01	校正集	141	140	99.29
				验证集	46	37	80.43

由 SVM 判别模型结果可知,GSA、GA 和 PSO 参数建模的校正集准确率分别为 99.29%、99.29% 和 97.16%,验证集准确率分别为 80.43%、80.43% 和 78.26%,GSA 和 GA 优选参数的建模性能优于 PSO 搜索参数的建模性能,其中 GSA 与 GA 优选参数建立的 SVM 判别模型的结果一致。从建模结果来看,GSA 和 GA 优选参数的建模性能虽然高于 PSO 优选参数的建模性能,但仅仅结合异黄酮指标的 SVM 判别模型精度仍然难以满足实际大豆产地判别的需求。

5.3.3　基于脂肪酸联合异黄酮的大豆产地支持向量机判别模型

对 2018 和 2019 年采集的 187 个大豆样品按照不同产地设置标签,从 0 到 6 依次代表产地为北安管理局、宝泉岭管理局、黑河市、牡丹江管理局、绥化市、中储粮，以 14 个脂肪酸指标(辛酸、癸酸、月桂酸、肉豆蔻酸、棕榈酸、棕榈油酸、硬脂酸、油酸、亚油酸、花生酸、亚麻酸、山嵛酸、顺 – 13 – 二十二烯酸、木蜡酸)和 5 个异黄酮指标(大豆苷、黄豆黄苷、染料木苷、大豆苷元、染料木素)(共 19 个指标)为输入变量。按照 4∶1 的比例划分样本集，得到校正集样本 141 个，验证集样本 46 个，以 141 个校正集样本建立 SVM 产地判别模型，以 46 个验证集样本对模型的性能进行验证。基于 LIBSVM 工具箱建立 SVM 分类模型，采用 C – SVC 作为分类模型，采用 RBF 作为核函数，待优化包括参数惩罚参数 C、核函数参数 γ 和不敏感损失函数参数 ε(设为 0.01)。基于遗传模拟退火算法(GSA)、遗传算法(GA)、粒子群优化算法(PSO)和网格搜索结合 K 折交叉验证的分类准确率对分类模型的参数 C 和 γ 进行优化，并建立对应的 SVM 分类模型，建模结果见表 5 – 3 所示。

表 5 – 3　大豆产地脂肪酸联合异黄酮 SVM 判别模型

优化方法	C	γ	ε	样本集	样本个数	产地判别正确个数	判别准确率/%
PSO	1.344 1	5.904 2	0.01	校正集	141	141	100
				验证集	46	41	89.13
GA	2.136 3	3.293 1	0.01	校正集	141	141	100
				验证集	46	42	91.30
GSA	1.379 7	5.763 5	0.01	校正集	141	141	100
				验证集	46	42	91.30

由 SVM 判别模型结果可知，GSA、GA 和 PSO 搜索参数建模的校正集准确率均为 100%，分验证集准确率分别为 91.30%、91.30% 和 89.13%，GSA 和 GA 优选参数的建模性能优于 PSO 和网格搜索参数的建模性能，其中 GSA 与 GA 优选参数的建模效果一致。模型判别准确率说明脂肪酸联合异黄酮指标建立的大豆产地 SVM 判别模型能够满足实际大豆产地判别的需求。

5.3.4　基于 GSA 的特征指标与 SVM 参数同步优化

1. GSA 算法实现

针对 19 个脂肪酸和异黄酮指标中存在个别与产地相关性较差参数的问题，利用 GSA 对特征指标和 SVM 参数进行同步参数寻优。GSA 采用的编码方式为二进制编码。特征指标和 SVM 的三个参数 C、γ 和 ε 对应染色体的四个基因，每个基因

编码为 k 位二进制数。染色体的结构可以表示为 $a_1a_2\cdots a_kb_1b_2\cdots b_kc_1c_2\cdots c_kd_1d_2\cdots d_k$。其中二进制序列 $a_1a_2\cdots a_k$ 为特征指标的编码基因，$b_1b_2\cdots b_k$ 参数 C 的编码基因，二进制序列 $c_1c_2\cdots c_k$ 为参数 γ 的编码基因，二进制序列 $d_1d_2\cdots d_k$ 参数 ε 的编码基因。特征指标的解码方式为二进制位 "1" 和 "0" 对应着相应指标是否选中参与运算，而 SVM 的参数 C、γ 和 ε 对应的解码方式为二进制实数解码，以参数 C 的编码基因 $b_1b_2\cdots b_k$ 为例，其对应的实数解码公式为

$$f(x) = \Big(\sum_{i=1}^{k} b_i \cdot 2^{i-1} \Big) \cdot \frac{(U_2 - U_1)}{2^k - 1} + U_1$$

式中，$[U_1, U_2]$ 为参数 C 的取值范围，k 为单个基因的二进制码长，本文取 $k = 19$，则染色体码长为 76 位。

在进行种群初始化时，随机产生一个 $N \times M$ 的二元矩阵即可，其中 N 为初始种群中染色体的数量，M 为染色体码长。

采用 K 折交叉验证结合 GSA 对 SVM 参数进行最优化，而 SVM 预测模型的目的是预测值与实际值的误差尽量小（误差越小准确率越高），因此可直接把 K 折交叉验证的均方误差（RMSECV）作为目标函数。结合温度参数对适应度函数定义如下：

$$fit(x) = \exp\Big(-\frac{f(x) - f_{\min}}{t} \Big)$$

式中，$f(x)$ 为当前染色体的目标函数值，$f_{\min}$ 为当前代种群中的最小目标函数值，t 为当前代温度值。

以适应度函数为依据依次支持 GSA 选择、交叉和变异三种遗传操作。选择操作采用结合最优保留策略的赌轮选择方法，交叉操作采用单点交叉，变异操作采用多位变异。确定初始温度和降温操作后，进行邻域解的构建并执行基于 Metropolis 判别准则的选择复制。

2. 特征指标和 SVM 参数 GSA 同步优化

以大豆产地为标签，从 0 到 6 依次代表产地为北安管理局、宝泉岭管理局、黑河市、牡丹江管理局、绥化市、中储粮，以 14 个脂肪酸指标（辛酸、癸酸、月桂酸、肉豆蔻酸、棕榈酸、棕榈油酸、硬脂酸、油酸、亚油酸、花生酸、亚麻酸、山嵛酸、顺 − 13 − 二十二烯酸、木蜡酸）和 5 个异黄酮指标（大豆苷、黄豆黄苷、染料木苷、大豆苷元、染料木素），共 19 个指标为输入变量，建立 SVM 产地判别模型。在使用输入输出数据对 SVM 进行训练和预测之前，先要对数据进行归一化处理，其公式如下：

$$y = \frac{(y_{\max} - y_{\min})(x - x_{\min})}{x_{\max} - x_{\min}} + y_{\min}$$

式中,y 为归一化后的数据,x 为归一化前的监测数据,$x_{\max}$ 为监测数据的最大值,$x_{\min}$ 为监测数据的最小值,$y_{\max}$ 为设定的归一化后数据的最大值,$y_{\min}$ 为设定的归一化后数据的最小值。若 $x_{\max}$ 与 $x_{\min}$ 大小相等,即监测到的某一数据都相同时,直接设定 $y = y_{\min}$。通过多次测试后发现,将输入自变量的归一化区间设定为[−1,1],因输出因变量为 0、1 标签,故不需要进行归一化。

运用 K 折交叉验证结合 GSA 对特征指标和 SVM 预测模型参数进行同步优化时,相关参数设定包括:种群规模为 50,遗传代数为 200,初始温度参数 K 为 200,退温系数 α 为 0.95,编码基因长度为 19 位,染色体码长为 76 位,惩罚参数 C、核函数参数 γ 和不敏感损失函数参数 ε 的寻优范围分别是[0,100]、[0,100]和[0.001,1],交叉概率为 0.7,变异概率为 $0.7/M$(M 为染色体码长),采用 10 折交叉验证。测试得到的最佳预测模型对应的 SVM 参数寻优结果为:C 为 7.555 6,γ 为 41.1836,ε 为 0.01,校正集准确率为 100%,验证集准确路为 0.934 8%,选中的特征指标编号为[2,3,4,7,11,12,13,17,19],对应包括 7 个脂肪酸指标(葵酸、月桂酸、肉豆蔻酸、硬脂酸、亚麻酸、山嵛酸和顺−13−二十二烯酸)和 2 个异黄酮指标(染料木苷和染料木素)。参数寻优的进化过程如 5−3 所示。

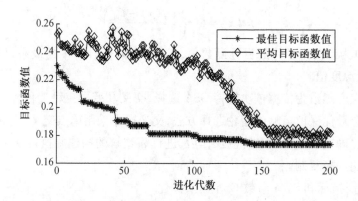

图 5−3　GSA 算法校正集参数寻优过程

由上图可知,在进化前期(高温时)GSA 求得的平均目标函数值与最佳目标函数值差异较大,而进化后期(低温时)平均目标函数值更接近于最佳目标函数值。原因在于 GSA 结合温度参数设计适应度函数,并引入基于 Metropolis 判别准则的选择复制策略。在高温时,不同染色体对应的适应度函数值差异较小,接受劣质解的能力比较强,保证了种群的相对多样性,有效避免早熟;在低温时,优良染色体具有更大的适应度函数值,更容易遗传给下一代,加快了算法的收敛速度。

上述特征指标与支持向量机参数同步优化算法的时间、复杂度和使用遗传模拟退火算法优化特征指标的时间、复杂度位于同一量级。而传统建模过程中特征指标优选和支持向量机参数优化分两步进行时,时间复杂度是特征指标优选时间复杂度与支持向量机参数优化时间复杂度的乘积,运算量将呈几何级增长,而本节提出的同步优选算法能够解决传统分两步优化运算量激增的问题。

大豆脂肪酸、异黄酮、脂肪酸联合异黄酮和脂肪酸联合异黄酮特征指标建立的 SVM 产地判别模型的精度见表 5 - 4 所示。

表 5 - 4　大豆产地判别模型性能对比

建模指标	优化方法	优化对象	校正集判别准确率/%	验证集判别准确率/%
脂肪酸	PSO	SVM 参数	100	80.43
	GA	SVM 参数	100	84.78
	GSA	SVM 参数	100	86.96
异黄酮	PSO	SVM 参数	97.16	78.26
	GA	SVM 参数	99.29	80.43
	GSA	SVM 参数	99.29	80.43
脂肪酸联合异黄酮	PSO	SVM 参数	100	89.13
	GA	SVM 参数	100	91.30
	GSA	SVM 参数	100	91.30
脂肪酸联合异黄酮	GSA	特征指标和 SVM 参数	100	93.48

由上表可知,GSA 同步优化特征指标和 SVM 参数建立的 SVM 非线性判别模型的准确率最高,校正集判别准确率达到 100%,验证集的判别准确率达到 93.48%。这得益于 SVM 非线性建模的高效性,还源于 GSA 算法对特征指标和 SVM 建模参数的同步优化。GSA 同步优化算法不仅提高了判别性能,还减少了输入变量的数量,提高了建模的效率。

5.4　小　　结

本章以黑龙江省 2018 年和 2019 年采集的大豆样品为研究对象,利用现代检测技术获取大豆样品的脂肪酸和异黄酮数据，并使用 SVM 分别建立了脂肪酸、异黄酮、脂肪酸联合异黄酮和脂肪酸联合异黄酮特征指标产地判别模型。结果表明，采用 GSA 对 SVM 非线性鉴别模型的特征指标与模型参数进行同步优化策略的建模性能最佳。

（1）14 个脂肪酸指标联合 SVM 非线性回归模型建立的产地判别模型的精度高于 5 个异黄酮指标联合 SVM 的建模性能；脂肪酸联合异黄酮共 19 个指标建立的 SVM 产地判别模型的精度高于 14 个脂肪酸指标的建模性能。

（2）GSA 对特征指标和 SVM 参数的同步优化在有效减少输入指标数量的同时，提高了判别准确率。选取癸酸、月桂酸、肉豆蔻酸、硬脂酸、亚麻酸、山嵛酸和顺 - 13 - 二十二烯酸、染料木苷和染料木素等 9 个特征指标，它们建立的 SVM 产地判别模型最能最佳，其验证集的判别准确率为 93.48%，能够满足实际大豆产地判别的需求。

第6章 大豆产地在线判别系统的构建

6.1 研究概述

真实性和可靠性是当前各领域对数据的根本要求,基于数据的质量控制与可信管理实现溯源具有重要的研究价值和实践意义。数据溯源不仅是一个技术问题,同时也是一个管理问题,在数据科学范式下应当受到信息资源管理研究的关注和重视。结合信息管理技术,设计并实现大豆产地判别系统。大豆中矿物质元素种类多样,为了能够方便快捷地实现质量追溯与产地判别,采用数据层、功能层、应用层三层架构设计产地判别系统并实现。

在数据层设计产地判别系统中的模型是与大豆产地判别问题相关数据的逻辑抽象,代表对象的内在属性,是整个系统的核心。采用面向对象的方法实现模型抽象,将产地判别问题领域中的产地、检测样本、检测算法等抽象为应用程序中的对象,将属性和对象间的操作逻辑封装在对象中。数据层的模型(对象)用于提供数据库对应用层和功能层的访问。

功能层设计并实现数据层与应用层的联系,功能层接收判别系统应用层传输进来的消息,抽象用户交互和应用程序语义的映射,将应用层与数据层间的交互转化为产地判别系统的标准业务。再将用户输入翻译成应用程序的动作,将业务处理过程解析为数据层和功能层需执行的动作(包括激活业务逻辑和改变数据层数据的状态,如偏最小二乘判别、SVM 判别、神经网络判别等)。通过功能层将数据层中数据的更新与修改传递到应用层,根据数据层动作的执行结果,选择适当的应用层展现数据。

在应用层提供判别系统与用户间的接口,为用户提供数据输入功能,并触发功能层的判别、数据处理的业务逻辑。将对功能层执行的结果返回到应用层,以某种形式展示给用户。当数据层变化时,应用层做相应的变化。

采用 JSP、Servlet、JavaBean、MySql,实现三层架构设计的产地判别系统。

6.2　数据结构与数据模型

6.2.1　产地数据结构编码依据

大豆产地判别系统所处理的数据的一个重要特征是数据与地理空间具有密切的关系。在大豆产地判别系统中涉及的数据,其中每一类数据都包含一系列数据实体,每种数据实体由许多数据项组成,例如,产地环境数据包括土壤、地质、地形、水文、坡度等空间实体,而每一种地理实体又包含有空间坐标、地理分类、面积统计等。数据结构的建立是根据确定的数据结构类型,形成与该结构相适应的大豆产地判别数据,为大豆产地在线判别系统构建提供基础。

依据大豆产地判别系统的功能确定数据类型,根据系统功能及国家规范和标准,将具有不同属性或特征的要素区别开,从逻辑上将空间数据组成不同的数据层,为数据采集、存储、管理、查询、共享、检测提供依据。产地判别涉及基础地理信息,为此将产地数据进行编码。产地数据编码结果形成代码,代码由数字或字符组成,再由编码组成混合码,用于提供产地数据的地理分类和特征描述,便于产地数据要素的输入、存储、管理以及不同产地判别系统间数据的共享与交换。

依据国家基础地理信息数据的分类标准代码对产地空间数据进行编码,代码如图6-1所示。

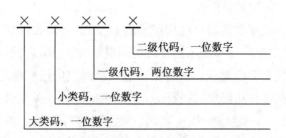

图6-1　基础地理信息数据的分类标准代码

大类码、小类码、一级代码和二级代码分别用数字顺序排列。见表6-1,大类码6表示境界、小类码1、2表示行政区划界和其他界限。

表 6-1 不同界限地理编码

代码	名称
6	境界
61	行政区划界
6101	国界
61011	界碑
61012	同号双立的界碑
61013	同号三立的界碑
6102	未定国界
6103	省、自治州、直辖市界
61031	界碑
6104	自治州、地区、盟、地级市界
6105	县、自治县、旗、县级市界
6106	乡、镇、国有农场、林场、牧场
6107	特殊地区界

6.2.2 产地模型数据结构

产地数据结构用于描述产地信息、产地综合信息,包括生产单元的位置、环境质量、农业设施(如大棚、温室)等内容,见表 6-2。

表 6-2 产地信息数据结构

名称	定义	数据类型	值域
农场名称	农业生产单位、生产组织或生产企业	文本	自由文本
种植品种	培育品种,在集约条件下通过水平较高的育种措施培育而成	文本	自由文本
种植年份		Date	
位置	空间分布,所在或所占的地方、所处的方位	文本	自由文本
负责人		文本	自由文本
联系方式	单位或个人电话号码	文本	自由文本
面积	实行播种或栽培农作物的土地面积	文本	自由文本

表 6 – 2(续)

名称	定义	数据类型	值域
水	环境质量	文本	自由文本
空气	环境质量	文本	自由文本
土壤	环境质量	文本	自由文本
备注		文本	自由文本

6.2.3　判别模型数据结构

产地判别系统主要是一个软件系统,它综合了数据库和程序库,为业务求解提供判别模型,是业务处理的核心部分。判别模型指业务中用到的算法,例如,数学算法、数理统计算法、数据预处理算法、分析算法、优化算法。在判别系统中将判别模型部分设计成可扩充集合,以不断改进和完善系统功能。模型数据结构用于描述模型信息。内容见表 6 – 3。

表 6 – 3　判别模型数据结构

名称	定义	数据类型	值域
模型参数信息	待分析参数的相关信息	元数据子集	
量纲信息	对应模型参数的单位特征及一致性信息	文本	自由文本
输入参数	模型输入参数信息	元数据实体	
物理参数取值范围	物理参数的有效取值范围	文本	自由文本
物理参数输入格式	不同物理参数的输出格式	文本	自由文本
初始响应参数/数据	模型开始运行需要输入的相关参数或数据	元数据实体	
参数/数据取值范围	初始响应参数/数据的有效取值范围	文本	自由文本
参数/数据输入格式	不同初始响应参数/数据的输入格式	文本	自由文本
参数表达形式	参数的表达形式	文本	自由文本
参数取值范围	参数的有效取值范围	文本	自由文本
参数输入格式	不同参数的输入格式	文本	自由文本
控制参数	模型运行过程中的控制参数	元数据实体	
模型误差控制参数	模型运行需要的误差校正参数	文本	自由文本
模型中方程求解控制参数	求解模型过程中的方程求解参数	文本	自由文本

表 6-3(续)

名称	定义	数据类型	值域
模型特定控制参数	模型运行中的特有的控制参数	文本	自由文本
输出参数	模型运行结果的表达	元数据实体	
输出参数类型	计算结果的参数类型	文本	自由文本
输出参数的表达形式	对计算结果的表达	整形	文字、图表、数字等
输出参数的有效取值范围	对输出结果的有效控制	文本	自由文本
输出格式	不同输出参数的输出格式	文本	自由文本

　　模型求解方法信息数据结构是用于描述食品地域特征的化学分析方法和多元数理统计方法的。产地判别涉及几个基本部分:分析表征地域差异的特性、建立判别模型、验证判别模型、建立数据库、判别和举证分析;应用的基本方法为化学成分分析和多元数理统计方法,如方差分析、多重比较分析、聚类分析、主成分分析、判别分析等化学计量学方法。针对这些方法,给出它们的基本描述结构。见表 6-4 至表 6-7。

表 6-4　模型求解方法信息数据结构

名称	定义	数据类型	值域
模型求解	模型求解相关信息	元数据子集	
模型求解数学方法	采用何种数学方法求解模型	文本	自由文本
求解方法来源	求解方法的出处	文本	自由文本
求解方法种类	求解模型采用的是何种方法	整形	1. 统计方法 2. 物理模拟方法 3. 均衡法 4. 数值模拟方法:(1)有限差分;(2)有限单元;(3)边界元 5. 优化方法:(1)蚁群;(2)遗传算法;(3)神经网络……
求解参数	求解模型所需要的数学控制参数	元数据实体	

表 6 −4（续）

名称	定义	数据类型	值域
参数表达形式	所需参数的表达形式	文本	自由文本
参数取值范围	所需参数的取值范围	文本	自由文本
参数格式	不同求解参数的输入格式	文本	自由文本

表 6 − 5　判别模型性能信息数据结构

名称	定义	数据类型	值域
模型目标	判别模型目标要求	文本	自由文本
模型稳定性	模型稳定性相关说明	文本	自由文本
模型精度	对模型在判别尺度上的精度要求	文本	自由文本

表 6 − 6　判别模型验证信息数据结构

名称	定义	数据类型	值域
数据验证	验证运行所需数据是否完整	文本	自由文本
概念模型验证	验证概念模型设计是否准确	文本	自由文本
确定性验证	验证模型实现能否对概念模型进行准确刻画	文本	自由文本
有效性验证	对模型精度进行验证,验证模型是否有效	文本	自由文本
数据同化方法	对应不同的空间时间尺度可采用的数据同化方法	文本	自由文本

表 6 − 7　判别模型运行硬件条件信息数据结构

名称	定义	数据类型	值域
最低 CPU 要求	最低 CPU 配置	文本	自由文本
推荐 CPU 要求	推荐 CPU 配置	文本	自由文本
最低内存要求	最低内存配置	文本	自由文本
推荐内存要求	推荐内存配置	文本	自由文本
最低硬盘要求	最低硬盘配置	文本	自由文本
推荐硬盘要求	推荐硬盘配置	文本	自由文本
最低显卡要求	最低显卡配置	文本	自由文本
推荐显卡要求	推荐显卡配置	文本	自由文本

判别模型修订,判别系统中的模型包括不再使用或已陈旧,对没有维护意义的模型进行清理、修改,判别系统提供了判别方法调用的接口,这些方法是包装好的算法模块,算法的实际承载是程序代码,若算法程序源码有版本更新,则算法也相应做出修改。算法修改也包括几个方面:一是算法基本信息;二是算法所属的参数的信息;三是算法所处理得到的模型。通过算法管理模块,实现算法的更新与维护,判别模型的更新与维护,保证平台的时新性,见表 6 - 8。

表 6 - 8　判别模型修订信息数据结构

名称	定义	数据类型	值域
修订时间	模型修订的时间	Date	CCYYMMDD(GB/T 7408 - 94,ISO 8601 - 1988)
修订目的	模型修订的目的	整形	1. 初始;2. 修改 Bug;3. 添加新功能;4.调整
修订内容	模型修订的内容	文本	自由文本
修订人	模型修订人相关信息	元数据实体	序号 175 - 184
修订人姓名	模型修订者姓名	文本	自由文本
政区	所在州、省或县名称	文本	自由文本
城市	所在城市名称	文本	自由文本
地址	街道、门牌号或信箱号	文本	自由文本
邮政编码	邮政编码	文本	自由文本
网址	修订人所在单位的网络地址	文本	自由文本
电子邮件地址	单位或个人电子信箱地址	文本	自由文本
电话号码	单位或个人电话号码	文本	自由文本

6.2.4　样本数据信息数据结构

大豆营养成分丰富,除含有高品质的蛋白质和不同种类的氨基酸外,还含有脂肪、碳水化合物、矿物质元素、维生素和大豆异黄酮等多种有效生理活性成分。设计样本信息数据结构以表示和存储大豆营养成分信息见表 6 - 9。

表6-9 样本数据信息数据结构

名称	定义	数据类型	值域
编号	样本唯一识别码	文本	自由文本
种植品种	样本品种	文本	自由文本
产地	物品的生产、出产或制造的地点	参考产地数据结构	自由文本
数据记录类型	不同类型数据组合而成的一个整体	参考检测方法	
数据记录	样本检测的实际值	文本(K,V)	自由文本

6.2.5 大豆矿物质数据结构

除蛋白质、脂肪酸等有机物外,大豆中的矿物质元素含量也十分丰富,不但含有人体所需的宏量元素 Ca、Mg、K、P,还含有丰富的微量元素 Cu、Fe、Zn、Mn、Na等。通过对不同地区大豆中矿物质元素的分析,进一步了解不同种植区域对大豆中矿物质含量的影响。设计大豆矿物质数据结构存储不同品种、产地的大豆矿物质元素信息,见表6-10。

表6-10 大豆矿物质数据结构

字段名	数据类型	数据长度	小数点	含义
yp_mc	varchar	50	0	样品名称
yp_bm	char	10	0	样品编码(省-市-区-编号)
yp_cd	varchar	255	0	样品产地编码
yp_nf	date	0	0	样品采集日期
kwz_na	double	20	5	Na
kwz_mg	double	20	5	Mg
kwz_al	double	20	5	Al
kwz_k	double	20	5	K
kwz_ca	double	20	5	Ca
kwz_v	double	20	5	V
kwz_cr	double	20	5	Cr
kwz_mn	double	20	5	Mn
kwz_fe	double	20	5	Fe

表 6 - 10（续）

字段名	数据类型	数据长度	小数点	含义
kwz_co	double	20	5	Co
kwz_ni	double	20	5	Ni
kwz_cu	double	20	5	Cu
kwz_zn	double	20	5	Zn
kwz_as	double	20	5	As
kwz_rb	double	20	5	Rb
kwz_sr	double	20	5	Sr
kwz_ru	double	20	5	Ru
kwz_pd	double	20	5	Pd
kwz_ag	double	20	5	Ag
kwz_cd	double	20	5	Cd
kwz_sb	double	20	5	Sb
kwz_te	double	20	5	Te
kwz_cs	double	20	5	Cs
kwz_ba	double	20	5	Ba
kwz_la	double	20	5	La
kwz_pr	double	20	5	Pr
kwz_nd	double	20	5	Nd
kwz_sm	double	20	5	Sm
kwz_gd	double	20	5	Gd
kwz_dy	double	20	5	Dy
kwz_ho	double	20	5	Ho
kwz_er	double	20	5	Er
kwz_yb	double	20	5	Yb
kwz_hf	double	20	5	Hf
kwz_pt	double	20	5	Pt
kwz_pb	double	20	5	Pb
kwz_th	double	20	5	Th
kwz_u	double	20	5	U

6.2.6 大豆脂肪酸与异黄酮数据结构

大豆种子油主要的成分是甘油三酯(TAG),其中最稳定也是最重要的成分是脂肪酸,脂肪酸组分及配比直接关系到大豆油脂的营养价值、贮运加工等环节,是决定大豆油脂品质的最重要因素。而脂肪酸代谢途径、生长环境在一定程度上决定着脂肪酸的组成和配比。大豆脂肪酸的组成、形成,与土壤、肥力、海拔、纬度、气候等因素存在着一定的关系。大豆异黄酮是大豆中的一类具有营养学价值和健康保护作用的特异性多酚化合物。大豆及大豆食品中的异黄酮主要为染料木黄酮,其次是大豆苷元,大豆黄素的含量相当少。黑龙江省大豆品种种质资源丰富,大豆异黄酮含量在品种间存在显著差异,影响大豆异黄酮含量的因素主要为遗传差异、栽培环境和地理环境。设计大豆有机物数据机构存储其信息,可用于基于有机物含量的品种和产地的判别。大豆有机物数据结构见表6-11。

表6-11 大豆有机物数据结构

字段名	数据类型	数据长度	小数点	含义
yp_mc	varchar	50	0	样品名称
yp_bm	char	10	0	样品编码
yp_cd	varchar	255	0	样品产地
yp_nf	date	0	0	样品年份
yjw_zfs_xs	double	6	3	辛酸
yjw_zfs_gs	double	6	3	癸酸
yjw_zfs_ygs	double	6	3	肉桂酸
yjw_zfs_rdks	double	6	3	肉豆蔻酸
yjw_zfs_zls	double	6	3	棕榈酸
yjw_zfs_zlys	double	6	3	棕榈油酸
yjw_zfs_yzs	double	6	3	硬脂酸
yjw_zfs_ys	double	6	3	油酸
yjw_zfs_yys	double	6	3	亚油酸
yjw_zfs_hss	double	6	3	花生酸
yjw_zfs_yms	double	6	3	亚麻酸
yjw_zfs_sys	double	6	3	山嵛酸

表 6 – 11(续)

字段名	数据类型	数据长度	小数点	含义
yjw_zfs_s13eexs	double	6	3	顺 – 13 – 二十二烯酸
yjw_zfs_mls	double	6	3	木蜡酸
yjw_ddg	double	20	5	大豆苷
yjw_hdhg	double	20	5	黄豆黄苷
yjw_rlmg	double	20	5	染料木苷
yjw_ddgy	double	20	5	大豆苷元
yjw_rlms	double	6	3	染料木素

6.2.7　大豆品种 DNA 信息数据结构

为保护大豆品牌,利用 SSR 引物,构建大豆品种 DNA 指纹库。使用大豆骨干亲本使得品种间的遗传多样性降低,单纯依据表型性状进行品种田间检验越来越困难。以分子标记为基础的 DNA 指纹鉴定技术具有准确可靠、简单快速的优点,指纹图谱是鉴别品种的有力工具,因此建立以分子标记为基础的 DNA 指纹图谱能够在判定时为特异性(可区别性)辅助筛选近似品种和解决品种纠纷提供技术支持。设计 DNA 数据结构用于存储 DNA 指纹图谱数据大豆有机物数据结构(表 6 – 12)。

表 6 – 12　大豆 DNA 数据结构

字段名	数据类型	数据长度	含义
pz_bm	char	8	大豆_品种编码
pz_mc	varchar	20	大豆_品种名称
pz_sx	varchar	20	大豆_品种缩写
pz_dna_2jz	varchar	200	大豆_DNA_二进制
pz_dna_32jz	varchar	100	大豆_DNA_32 进制
yw_bm	char	8	获取 DNA 的引物组合编码

6.2.8　大豆 DNA 引物数据结构

采用 SSR 对大豆品种进行区分并构建指纹图谱,为便于后续品种检测,记录

SSR 引物信息,其数据结构设计见表 6-13。

表 6-13   DNA 引物数据结构

字段名	数据类型	数据长度	含义
yw_bm	varchar	20	引物编码
yw_rst	varchar	20	引物染色体
yw_jx	varchar	20	引物基序
yw_length	int	10	引物长度 bp
yw_primer1	varchar	200	引物 primer1
yw_primer2	varchar	200	引物 primer2

6.2.9   大豆品种性状信息数据结构

物种的生存和分布是与自然环境(即生态条件)密切相关的,一定的生态环境必有与其相适应的物种生存。大豆的主要性状如生育期、粒大小、蛋白质和脂肪含量等,遗传上均属数量性状,易受环境条件的影响,因而在不同的生态条件下就形成了不同的大豆生态类型。设计大豆品种性状数据结构存储性状数据,见表 6-14。

表 6-14   大豆品种性状数据结构

字段名	数据类型	数据长度	小数点	含义
pz_bm	char	8	0	大豆品种编码
pz_dna_syh	varchar	20	0	大豆 DNA 送样号
pz_sz	int	2	0	品种色泽
pz_gzd	int	2	0	品种光泽度
pz_qs	int	2	0	品种脐色
pz_lx	int	2	0	品种粒形
pz_blz	double	5	2	品种百粒重
pz_pbl	int	2	0	品种破瓣率
pz_czl	int	2	0	品种虫蛀率
pz_dbz_t1	double	5	2	品种蛋白质检测 1
pz_dbz_t2	double	5	2	品种蛋白质检测 2

表 **6 - 14**(续)

字段名	数据类型	数据长度	小数点	含义
pz_dbz_t3	double	5	2	品种蛋白质检测 3
pz_sf_t1	double	5	2	品种水分检测 1
pz_sf_t2	double	5	2	品种水分检测 2
pz_sf_t3	double	5	2	品种水分检测 3
pz_zf_t1	double	5	2	品种脂肪检测 1
pz_zf_t2	double	5	2	品种脂肪检测 2
pz_zf_t3	double	5	2	品种脂肪检测 3
pz_bm	char	8	0	大豆品种编码

6.3 判别系统功能层业务

6.3.1 判别业务基本过程

判别系统使用基本执行过程如图 6 - 2 所示。

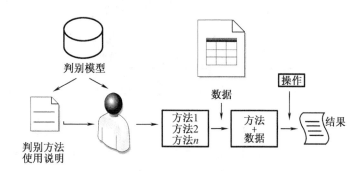

图 6 - 2 判别系统流程示意图

用户根据数据特点和业务要求从系统中选择判别算法/方法。选择算法/方法时用户可以得到该算法使用的必要支持,如查阅各类方法的说明书、使用菜单等。

进而根据处理数据的不同特点,从算法/方法中挑选合适的一个。判别系统为了解题,通常需要将业务数据在后台进行预处理并且将算法组合使用,如将输入、参数转换、某(些)个数学方法、输出(包括报表或图形生成)等方法合成一个符合业务需求的新方法。

用户在执行方法前,向系统输送数据。对于判别执行方法后获得的结果,可以调用分析结果的方法,供用户加以确认。

6.3.2 系统核心功能活动图

用户数据上传泳道图如图6-3、图6-4所示。

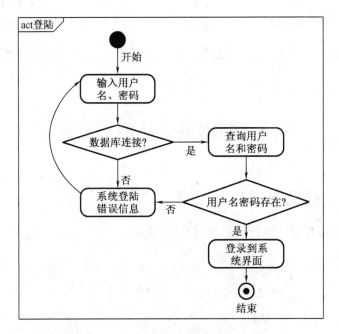

图6-3 用户数据上传泳道图(一)

BP神经网络是人工智能中的一个典型算法,它本身具有很强的非线性映射能力,解决一些非线性问题。同时网络拓扑结构简单,而且具有较高的误差精度,易于用编程实现。判别系统中BP网络的活动图如图6-5所示。

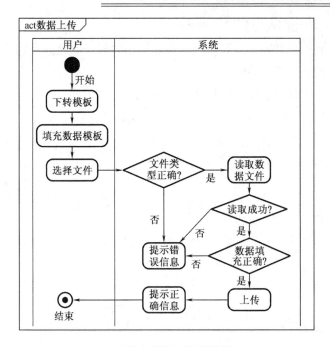

图 6 – 4　用户数据上传泳道图(二)

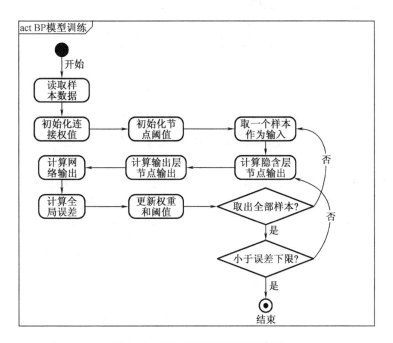

图 6 – 5　BP 神经网络训练活动图

BP 网络的功能实现包括以下内容：

(1)输入层和输出层节点数量分别为数据集的属性数量和类别数量；

(2)实现多个 S 型激活函数；

(3)利用随机函数生成初始权值；

(4)实现 Max – Min、Z – score 等归一化方法；

(5)输出层节点处理,进行 one – hot 编码。

训练活动如图 6 – 6 所示。

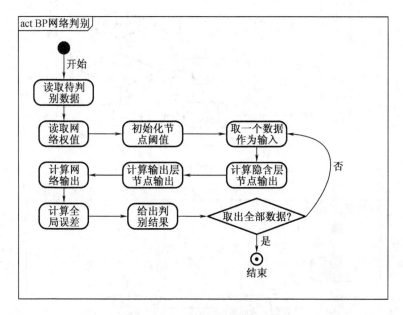

图 6 – 6　BP 神经网络训练活动图

SVM 算法是一种学习机制,是由 Vapnik 提出的,旨在改善传统神经网络学习方法的理论弱点,最先从最优分类面问题提出了支持向量机网络。SVM 学习算法根据有限的样本信息在模型的复杂性和学习能力之间寻求最佳折中,以期获得最好的泛化能力。基于统计学习理论的支持向量机方法能够从理论上实现对不同类别间的最优分类,通过寻找最坏的向量,即支持向量,达到最好的泛化能力。在判别系统中集成 SVM 方法,以提供更多的判别功能。判别系统中 SVM 的活动如图 6 – 7 所示。

在判别系统中,利用 LIBSVM 对 SVM 方法进行集成。LIBSVM 是易于使用、有效的 SVM 软件,可以解决分类问题(包括 C – SVC、n – SVC)、回归问题(包括 e –

SVR、n – SVR)以及分布估计(one – class – SVM)等问题,提供了线性、多项式、径向基和 S 型函数 4 种常用的核函数供选择。

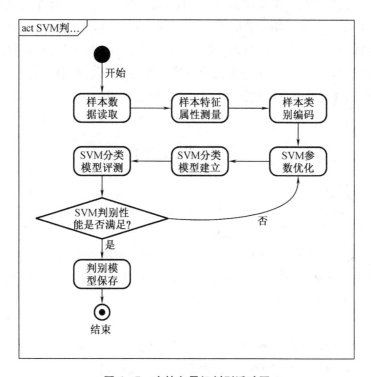

图 6 – 7 支持向量机判别活动图

在系统中集成 SVM 步骤如下:

(1)将用户上传的数据进行预处理,转化为 LIBSVM 所要求的格式;

(2)对数据进行简单的缩放操作;

(3)考虑选用 RBF 核函数;

(4)采用交叉验证选择最佳参数 C 与 g ;

(5)采用最佳参数 C 与 g 对整个训练集进行训练获取支持向量机模型。

6.3.3 DNA 对比检测业务

编辑距离是针对两个序列的差异程度的量化量测,量测方式是看至少需要多少次处理才能将一个序列变成另一个序列。编辑距离可以用在 DNA 序列对比中,判断两个 DNA 的类似程度。

编辑距离有几种不同的定义,差异可以对序列进行处理。

在莱文斯坦距离中,可以删除、加入、取代序列中的任何 1 个字元,也是较常用的编辑距离定义,常常提到的编辑距离,指的就是莱文斯坦距离。同时,也存在其他编辑距离的定义方式,例如 Damerau – Levenshtein 距离是一种莱文斯坦距离的变种,允许以单一操作交换相邻的 2 个字符(称为字符转置),如 AB→BA 的距离是 1(交换)而非 2(先删除再插入、或者 2 次替换)。LCS(最长公共子序列)距离只允许删除、加入字元。Jaro 距离只允许字符转置。汉明距离只允许取代字元。在系统中使用莱文斯坦距离进行大豆 DNA 序列的对比。

6.4　应用层结果可视化

判别结果为数值数据,为突出判别结果视觉特征,在判别系统中使用统计图表来表达判别结果特征。图表还可表征数量关系及构成成分,目前大多数在网络环境下制作各类专题图有轻量级专题制图和常规专题制图两种途径。前者在服务器端构建符号库、绘制专题图,将生成的专题图发布到客户端,对客户端没有太多要求,但受网络条件限制,响应时间容易延迟。后者通常需要客户端有相应的插件,如 Flash 插件、SVG 插件,可以直接在客户端生成专题地图,以减轻服务器端的负担;但由于符号在客户端生成,不便于符号库构建维护。此处采用轻量级专题制图与常规专题制图相结合的制图方法,即在服务器端通过 JFreeChart 构建统计符号库生成统计符号。减轻了服务器的计算负担,响应时间缩短,增加用户体验。

6.4.1　JFreeChart 组件

JFreeChart 图表组件是 java 平台上的一个开放的图表绘制类库,设计灵活、易于扩展。在系统中应用其工厂类(ChartFactory)提供的工厂方法生成基本图表对象 JFreeChart,应用构造函数创建稍复杂的图表,如多轴、组合图表等。结构图如图 6 – 8 所示。

具体实现步骤:

(1)创建用于图形生成所要的数据集对象。首先实例化类 DefaultPieDataset。然后利用 DefaultPieDataset 类提供的 setValue(value1,value2)方法,将提取的数据存入 DefaultPieDataset 对象中。其中 value1 是数据名称、value2 是数据值。

(2)创建图形对象。首先实例化 JFreeChart chart = ChartFactory.图标类型,方法是用于不同统计图生成的主要方法。在方法中 title 代表图形的标题、dataset 是

DefaultPieDataset 对象的实例。

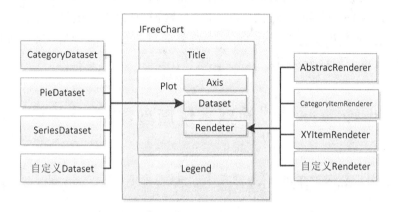

图 6 - 8　JFreeChart 结构图

（3）设置图形显示的属性,保存图像。使用 ChartUtilities. writeImageMap（）和 saveChartAsPNG 方法。方法在 ServletUtilities 工厂类定义完成。主要用于把图形对象 JFreeC 以图片的形式保存。

（4）显示。返回一个文件名。writeImageMap（）方法用于把保存的图片文件以字节流的形式写入用户界面。

6.4.2　Echarts

Echarts 是一款基于 Javascript 的数据可视化图表库,可以流畅地运行在 PC 和移动设备上,兼容当前绝大部分浏览器（IE8/9/10/11、Chrome、Firefox、Safari 等）,底层依赖矢量图形库 ZRender（一个全新的轻量级 canvas 类库）,创建了坐标系、图例、提示、工具箱等基础组件,并在此基础上构建出折线图（区域图）、柱状图（条状图）、散点图（气泡图）、饼图（环形图）、K 线图、地图、力导向布局图以及和弦图,同时支持任意维度的堆积和多图表混合展现,可定制高度个性化的数据可视化图表。Echarts 实现步骤如下:

1. 开发流程

（1）编写 visual. hmtl 文件,并引入 echarts. js 文件。

（2）定义容器,将可视化展示的图形放在一个定制好的容器中,容器是 div 或者可以容纳其他元素的便签。

（3）配置数据源和参数,通过 echarts 提供的接口设置需要展示的数据源和效果。

2. 数据源说明

数据源重点在于如何描述数据,上述配置参数里的 data 形式如下:

data 是一个数组形式,它是用来表示多个数据源,由于这里只需要使用一个数据源,所以只要提供类似｛｝结构的一个对象即可。即［｛根对象｝］,这里使用了 name 和 children 属性来说明。

6.5　判别系统原型实现

6.5.1　数据管理

数据管理部分包括产地区域数据管理、产地区域数据录入、检测样本数据管理、检测样本数据录入,如图 6 - 9 所示。管理内容包括增加记录、修改数据库中已经存在的记录信息、删除记录。当产地信息发生变化时,及时更新,确保检测结果一致。样本数据的信息用于计算判别模型,在系统中给出样本数据的管理,以便将采集的数据录入系统中。

图 6 - 9　产地信息管理

按照大豆矿物质数据结构,对大豆矿物质数据进行管理,包括数据的录入与导出使用、修改矿物质数据、删除不再使用的数据。并可以根据样本名称进行数据的查询,如图6-10、图6-11所示。

图6-10 大豆矿物质数据信息管理

图6-11 大豆有机物信息管理

大豆DNA数据是由SSR引物所确定的二进制序列,为了便于表示,在数据库中存储32进制和16进制的表示,如图6-12、图6-13、图6-14所示。

图 6 – 12　大豆 DNA 信息管理

图 6 – 13　大豆形状信息管理

图 6 - 14　大豆 SSR 引物信息管理

6.5.2　产地检测

1. 检测模型管理

利用大豆矿物质、脂肪酸、异黄酮等数据结合判别算法分别训练得到矿物质检测模型、脂肪酸检测模型、异黄酮检测模型的管理如图 6 - 15、图 6 - 16、图 6 - 17、图 6 - 18 所示。模型训练后上传至服务器端,在后台管理中可以随着数据的增加和算法的加入配置不同的检测模型,对过往模型进行更新。

图 6 - 15　大豆矿物质检测模型管理

图 6 – 16　大豆异黄酮检测模型管理

图 6 – 17　大豆脂肪酸检测模型管理

图 6 – 18　大豆脂肪酸联合异黄酮检测模型管理

2. 检测数据说明

用户检测品种时,需要按照要求上传数据,如图 6 – 19 所示。数据说明在检测页首页。

图 6 – 19　大豆产地检测元素说明

产地检测功能按照如下方式实现,在系统中提供检测数据填充模板,用户检测时,先下载模板,按照模板所要求的格式填充待检测数据。填充完成后,将检测数据上传到系统中。系统自动检测上传的文件是否符合要求,检测文件类型是否正确、检测文件大小是否超过限度,检测填充的数据格式是否正确。如存在错误,给出提示信息。如不存在错误,进行下一步检测。如图 6-20 所示。

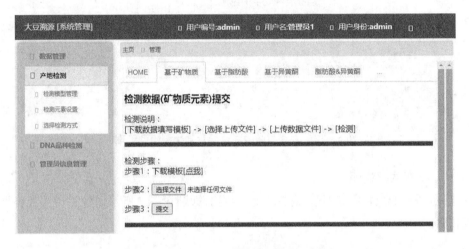

图 6-20   检测数据提交

系统确认上传的数据符合要求后,读取上传数据并在系统中显示,供用户确认。此时用户选择系统提供的判别模型,包括 BP 网络判别模型、SVM 判别模型、最小二乘判别模型等。确定判别模型后,开始检测,等待检测完,系统给出判别结果,如图 6-21 所示。判别过程由系统在后台进行。

系统在后台计算后,给出判别结果。根据用户上传的数据,给出每个数据记录的判别结果。并对结果进行可视化,统计结果的分布、占比、检测元素构成的信息。如图 6-22 所示。

产地溯源及判别技术方法的标准化、规范化,判别模型和数据库的信息化、网络化能提高其应用效率,扩大其应用范围。不同溯源技术的检测指标和基本原理不同,表征不同地域来源食品的特异性地理指纹信息。大豆种类多样、生长区域广阔,而且地理指纹信息还受季节、年际等因素的影响,需要不断采集和管理相关信息,探索与产地相关的要素,建立稳定、有效、实用的地域判别模型。

数据检测

数据名	数据编号	产地	数据
八一ss	BYLH2	北安	Na:536.603;Ba:2.119;Ca:457;Al:478;K:895;Fe:478;Te:548;Ho:857
八一ss	BYLH3	北安	Na:536.603;Ba:2.119;Ca:457;Al:478;K:895;Fe:478;Te:548;Ho:858
八一ss	BYLH4	北安	Na:536.603;Ba:2.119;Ca:457;Al:478;K:895;Fe:478;Te:548;Ho:859
八一ss	BYLH5	北安	Na:536.603;Ba:2.119;Ca:457;Al:478;K:895;Fe:478;Te:548;Ho:860
八一ss	BYLH6	北安	Na:536.603;Ba:2.119;Ca:457;Al:478;K:895;Fe:478;Te:548;Ho:861
八一ss	BYLH7	北安	Na:536.603;Ba:2.119;Ca:457;Al:478;K:895;Fe:478;Te:548;Ho:862

请确认数据是否正确，检测可能需要时间，请耐心等待。

待检数据文件:data (1) xls

选择检测模型: pls model ▼

pls model
svm model

开始检测

图 6-21　数据检测模型选择

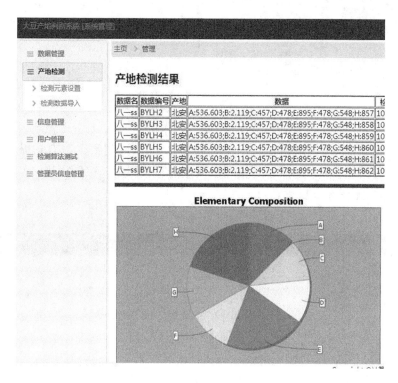

图 6-22　检测结果可视化

6.5.3 品种检测

品种检测依据 DNA 序列比对,用户提交检测前需要按照引物顺序提交 DNA 二进制序列,引物序列在首页给出。如图 6 – 23 所示。

图 6 – 23 大豆 DNA 引物 SSR 说明

用户按照 SSR 引物顺序得到 DNA 序列后,以二进制字符串方式提交到系统中。提交页面如图 6 – 24 所示。检测步骤包括"下载数据填写说明""填写 DNA 序列""提交检测""得检测结果"。

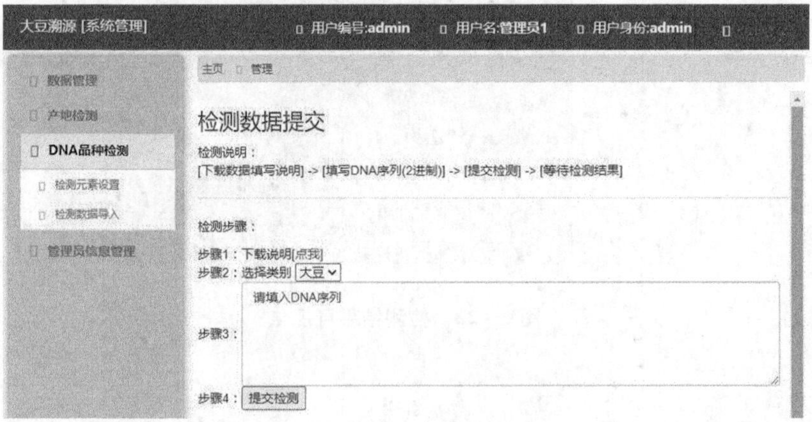

图 6 – 24 大豆 DNA 数据提交

　　提交的数据交由后台服务器计算,将 DNA 序列和数据库中已有的大豆品种 DNA 序列进行逐一比对,得到比对结果,并返回给用户。检测结果包括数据形式和图表形式。数据形式便于用户使用,图表形式按照品种相近程度的大小降序排列。如图 6 – 25、图 6 – 26 所示。

图 6 – 25　大豆 DNA 检测结果

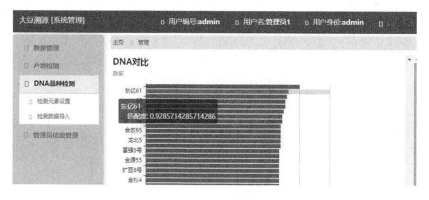

图 6 – 26　大豆 DNA 检测结果可视化

6.6 小　　结

采用数据层、功能层、应用层三层架构设计了大豆产地和品种判别平台,并基于 JSP,Servlet、JavaBean、MySQL 实现了大豆产地和品种判别系统原型。通过构建矿物元素、大豆脂肪酸和异黄酮产地溯源数据库、有效地记录,保存了大豆脂肪酸和异黄酮特征指标信息,方便管理人员和消费者及时对大豆内在质量和产地信息进行查询。通过构建典型大豆品种 DNA 指纹图谱数据库,可以实现对提交的大豆 DNA 序列进行快速在线比对,实现大豆品种溯源,具有数据精确、检测效率高、鉴别能力强、结果直观清晰的特点。在构建大豆产地和品种判别系统中,用户只需要按下载模板中要求的格式上传待检测数据,系统自动完成上传文件的格式检查、产地判别、品种判别、结果输出等功能。该大豆在线产地和品种判别系统具有判别方法功能组件的快速构造和功能快速改造迁移的特点。

第7章 结论与展望

7.1 结 论

1. 大豆 DNA 指纹图谱构建与鉴别技术:为了研究黑龙江省大豆推广品种的亲缘关系和指纹图谱,以 68 个大豆品种为试验材料,利用简化的 CTAB 法提取基因组 DNA,采用 SSR 分子标记对 68 个大豆品种进行指纹图谱分析鉴定。利用筛选出的 17 对 SSR 引物对 68 个大豆材料进行多样性分析,共得到 98 个等位变异,各位点等位变异的数目变化从 2 个(Sat_294、Sat_387)到 13 个(Sat_128)平均每个位点等位变异数为 6.125 个,各位点多态信息量变化从 0.002 034(Satt138)到 0.923 66(Satt453),平均多态信息含量为 0.548 955。从上述引物中选取了 17 对引物构建的指纹图谱能够鉴别 68 个系列品种,根据首选的 17 对大豆引物扩增和毛细管电泳测定的结果,以 0/1 的方式记录多态性片段的有无,有此带时赋值为"1",无此带时赋值为"0",构建了 68 个品种的 DNA 指纹图谱。上述结果不仅能快速准确地鉴定参试大豆品种,还对黑龙江省大豆种子质量标准化、审定大豆品种和种质资源遗传评价等具有重要意义。

2. 构建黑龙江省主栽大豆脂肪酸指纹图谱:探讨了大豆脂肪酸、蛋白质、水分、粗脂肪、灰分应用大豆品种鉴定方面的可行性,通过环境不同对大豆脂肪酸相对含量、蛋白质含量、水分含量、粗脂肪含量、灰分含量进行研究,筛选出有效的大豆指标,并对其进行数字编码,最终建立大豆品种的身份证、条形码和二维码。通过对大豆后熟过程脂肪酸变化规律的研究可知,通过对生理成熟期脂肪酸相对含量和收获成熟期脂肪酸相对含量进行配对样品 t 检验得出:在大豆后熟过程中,硬脂酸、油酸、顺-13-十八烯酸、亚麻酸、花生酸、山嵛酸相对含量无显著差异;肉豆蔻酸、棕榈酸、十七烷酸、亚油酸相对含量差异显著,其中肉豆蔻酸、棕榈酸、十七烷酸相对含量与大豆后熟过程呈显著正相关,相关系数分别为 0.88、0.85、0.43,亚油酸与大豆后熟过程无显著相关性。通过对大豆品种鉴别体系的研究可知,对环境差异影响不显著的指标有肉豆蔻酸、棕榈酸、十七烷酸、亚麻酸、山嵛酸和大豆蛋白质，对环境差异不显著的指标可作为有效指标，便于大豆品种鉴别体系的重复使用。可利用 VLOOKUP 软件对大豆有效指标进行编程，建立大豆品种编码，结合补充码，构建大豆品种身份证，方便对大豆质量进行管理。根据大豆品种身份证，结合大豆品种鉴别体系，进而判断大豆与商品信息是否相符。

3. 基于大豆异黄酮特征的大豆产地溯源：以黑龙江省北安产地和嫩江产地两大主产区的 127 份大豆样品为研究对象，利用改进的色谱条件，对不同产地、不同品种的大豆样品进行测定，结合方差、主成分、聚类、判别以及验证判别等化学计量学分析，进行溯源指标的筛选，分别探讨了 2015 年和 2016 年黑龙江省不同产地中大豆异黄酮溯源的可行性。考虑年份因素、品种因素、产地因素对大豆中异黄酮单体含量的主效应以及交互作用的影响，通过化学计量学方法筛选出大豆异黄酮特征溯源指标，建立判别模型及构建数据库

4. 基于异黄酮和脂肪酸的大豆产地鉴别技术：以黑龙江省 2018 年和 2019 年采集的大豆样品为研究对象，利用现代检测技术获取大豆样品的脂肪酸和异黄酮数据，并使用 SVM 分别建立了脂肪酸、异黄酮、脂肪酸联合异黄酮和脂肪酸联合异黄酮特征指标产地判别模型。结果表明，采用 GSA 对 SVM 非线性鉴别模型的特征指标与模型参数进行同步优化策略的建模性能最佳。14 个脂肪酸指标联合 SVM 非线性回归模型建立的产地判别模型的精度高于 5 个异黄酮指标联合 SVM 的建模性能；脂肪酸联合异黄酮共 19 个指标建立的 SVM 产地判别模型的精度高于 14 个脂肪酸指标的建模性能。GSA 对特征指标和 SVM 参数的同步优化在有效减少输入指标数量的同时，提高了判别准确率。选取癸酸、月桂酸、肉豆蔻酸、硬脂酸、亚麻酸、山嵛酸和顺 - 13 - 二十二烯酸、染料木苷和染料木素共 9 个特征指标建立的 SVM 产地判别模型性能最佳，其验证集的判别准确率为 93.48%，能够满足实际大豆产地判别的需求。

5. 构建大豆产地在线判别系统：以黑龙江省不同年份采集的大豆样品为研究对象，利用现代检测技术获取大豆样品的脂肪酸、异黄酮和 SSR 指纹图谱数据，并采用 JSP、Servlet、JavaBean、MySql 实现数据层、功能层、应用层 3 层架构设计并实现了大豆产地和品种判别系统原型。通过矿物元素、大豆脂肪酸和异黄酮产地溯源数据库地构建、有效地记录、保存了大豆脂肪酸和异黄酮特征指标信息，方便管理人员和消费者及时地对大豆内在质量和产地信息进行查询。通过构建典型大豆品种 DNA 指纹图谱数据库，可以实现对提交的大豆 DNA 序列进行快速在线比对，实现大豆品种溯源，具有数据精确、检测效率高、鉴别能力强、结果直观清晰的特点。

该大豆在线产地和品种判别系统具有判别方法功能组件的快速构造和功能快速改造迁移的特点,为消费者提供了具有安全性、有效性和快捷性的大豆产地和品种溯源平台,对大豆内在质量评价和产地溯源具有重要意义。

7.2　展　　望

本研究建立了一套基于大豆 DNA、脂肪酸和异黄酮指纹图谱的安全与溯源技术,用于鉴别和保护原产地品牌大豆,解决食品安全认证监管单位和优质大豆生产企业急需解决的产品掺假、冒牌等品牌保护难题。同时该数据库充分考虑了与目前系统上已经运行的其他食品安全系统、监管系统的网络互通和兼容。可实现部分优质大豆的指纹图谱查询和比对工作,进行大豆品种和产地的真实性鉴别,也可以对未知商品大豆进行鉴定判别。

黑龙江省大豆品牌安全与质量追溯体系的建立是大豆市场安全监管、防止贸易欺诈、保护公平交易的重要手段,是重建消费者购买信心的重要措施,是保障"问题食品"快速、有效召回的基础。开发大豆产业链分析技术,关键溯源指标筛选技术,大豆分类与编码技术,形成以 DNA、脂肪酸和异黄酮为标记,以电子标签跟踪过程、条形码标注最终产品的电子标签溯源技术体系。将其应用于产业链的生产过程或环节的物流信息以及可能出现食品安全风险的过程或关键点。为了防止标签造假、信息篡改,打击假冒伪劣产品,大豆安全监管还必须同时具备一套具有确证功能的监督手段,即大豆 DNA、脂肪酸和异黄酮指纹图谱技术,才能真正实现威慑不正当竞争,确保产品信誉,保护消费者的消费信心。因此,将该技术成果应用于示范企业,用于保护企业利益,为鉴定售卖产品的产地、品牌标识的真伪提供有效的技术支撑,可以提高政府对大豆生产、贮藏和贸易的监管能力,促进大豆优质优价政策的实施,大豆加工业质量升级,同时保护企业名誉,维护大豆行业健康发展。

参 考 文 献

[1] 中国标准出版社.质量管理体系 要求 质量管理体系 基础和术语[S].北京：中国标准出版社,2017.

[2] 潘家荣,朱诚.食品及食品污染溯源技术与应用[M].北京：中国质检出版社,2014.

[3] 莫锦辉,徐吉祥.食品追溯体系现状及其发展趋势[J].中国食物与营养,2011,17(1)：14-16.

[4] 林敏.基于生物大分子指纹的新鲜芒果溯源新技术研究[D].杭州：中国计量大学,2018.

[5] 徐睿,孙霞,郭业民,等.基于区块链技术的食品安全溯源体系应用与研究进展[J].食品安全质量检测学报,2020,11(20)：7610-7616.

[6] 毛太田,何玉花,李勇,等.基于文献计量的食品安全溯源研究热点与趋势分析[J].科技情报研究,2020,2(3)：48-59.

[7] 刘福涛,李悦.农产品质量安全溯源系统建设现状与建议[J].辽宁农业职业技术学院学报,2020,22(5)：14-15.

[8] 佚名.全国进口冷链食品追溯管理平台上线运行[J].时事资料手册,2021(1)：41.

[9] 毛婷,姜洁,路勇."十三五"期间食品安全监管技术支撑体系研究重点领域建议[J].食品科学,2018,39(11)：302-308.

[10] 李锦,傅茂润,卢曜昆,等.中国农产品溯源管理的问题与对策[J].中国果菜,2021,41(2)：48-51,71.

[11] 丁莹.质量溯源:打造"看得见的信任"[N].中国质量报,2017-11-23(5).

[12] 白红武,孙传恒,丁维荣,等.农产品溯源系统研究进展[J].江苏农业科学,2013,41(4)：1-4.

[13] 徐毅,钟鹏,赵岗,等.食品真实性鉴别技术研究进展[J].河南工业大学

学报(自然科学版), 2021, 42(3): 108 - 119.

[14] 胡圣英, 任红波, 张军, 等. 大米产地溯源方法研究进展[J]. 中国农学通报, 2020, 36(14): 148 - 155.

[15] 李政, 赵燕, 邰梦洁, 等. 植源性农产品产地溯源技术研究进展[J]. 农产品质量与安全, 2020(1): 61 - 67, 84.

[16] 岑灿坚. 黑龙江大豆产销状况分析与预测预警研究[D]. 哈尔滨: 东北农业大学, 2018.

[17] 孙雷. 黑龙江大豆品牌的构建与管理研究[D]. 长春: 吉林大学, 2013.

[18] 郭承亮, 耿月明, 王世才. 主要农作物品种鉴定方法要"新、老"结合[J]. 中国种业, 2013(7): 24 - 26.

[19] 徐海风, 杨加银, 程保山. 26 份菜用大豆品种(系)指纹图谱的构建及其遗传多样性分析[J]. 江苏农业科学, 2014, 42(5): 145 - 148.

[20] 高运来, 朱荣胜, 刘春燕, 等. 黑龙江部分大豆品种分子 ID 的构建[J]. 作物学报, 2009, 35(2): 211 - 218.

[21] 何琳, 何艳琴, 刘业丽, 等. 长江流域片国家区试大豆品种分子 ID 构建及遗传多样性分析[J]. 黑龙江八一农垦大学学报, 2014, 26(3): 5 - 9.

[22] LIU K, MUSE S V. Power Marker: an integrated analysis environment for genetic marker analysis[J]. Bioinformatics, 2005, 21(9): 2128 - 2129.

[23] PRITCHARD J K, WEN W, FALUSH D. Documentation for structure software: Version 2. 3[J]. University of Chicago, 2010.

[24] BRADBURY P J, ZHANG Z W, KROON D E, et al. TASSEL: software for association mapping of complex traits in diverse samples [J]. Bioinformatics, 2007, 23(19): 2633 - 2635.

[25] NEI M, LI W H. Mathematical model for studying genetic variation in terms of restriction. endonucleases [J]. Proceedings of the National Academy of Sciences, 1979, 76(10): 5269 - 5273.

[26] PRITCHARD J K, STEPHENS M, DONNELL Y P. Inference of population structure using multilocus genotype data [J]. Genetics, 2000, 155(2): 945 - 959.

[27] SUMATH M, YASODHA R. Microsatllite resources of eucalyptus. current status and future perspectives [J]. Botany Study, 2014. 55(1): 73.

[28] 徐冬雪, 史晓蕾, 闫龙, 等. 河北省区域试验大豆品系指纹图谱构建遗传

相似性分析及纯度鉴定[J]. 河北农业科学, 2018, 22(1): 62 – 66.

[29] 何琳,刘业丽,裴宇峰,等. 2012 年黑龙江垦区大豆参试品系纯度鉴定、分子 ID 构建及遗传多样性分析[J]. 大豆科学,2013, 32(5): 591 – 595.

[30] 陈亮,郑宇宏,范旭红,等. 吉林省新育成大豆品种 SSR 指纹图谱身份证的构建[J]. 大豆科学,2006, 35(6): 896 – 901.

[31] 杨凯敏,李贵全,郭数进,等. 大豆自然群体 SSR 标记遗传多样性及其与农艺性状的关联分析 [J]. 核农学报, 2014,28(9): 1576 – 1584.

[32] 胡振宾. 大豆产量及相关性状的连锁分析与关联分析 [D]. 南京: 南京农业大学, 2013.

[33] 王海滨. 大豆主要农艺性状 QTL 定位及分子标记辅助选择研究 [D]. 长春: 吉林农业大学, 2014.

[34] 郭波莉,魏益民,魏帅,等. 食品产地溯源技术研究与应用新进展[C]∥中国食品科学技术学会. 中国食品科学技术学会第十一届年会论文摘要集. 杭州,2014:81 – 82.

[35] 高华娜,郝雪娟,关颖. 傅里叶变换红外光谱法快速测定 5 个品种大豆的主要组分[J]. 光谱实验室, 2011, 28(1): 79 – 81.

[36] 陆徐忠,倪金龙,李莉,等. 利用 SSR 分子指纹和商品信息构建水稻品种身份证 [J]. 作物学报, 2014, 40(5): 823 – 829.

[37] 范胜栩,李斌,孙君明,等. 气相色谱方法定量检测大豆 5 种脂肪酸 [J]. 中国油料作物学报, 2015, 37(4): 548 – 553.

[38] 任波,李毅. 大豆种子脂肪酸合成代谢的研究进展 [J]. 分子植物育种, 2005, 3(3): 301 – 306.

[39] 年海,王金陵,杨庆凯,等. 生态环境对大豆子粒脂肪酸含量的影响 [J]. 大豆科学, 1996, 15(1): 35 – 41.

[40] 徐杰,胡国华,张大勇. 大豆种子脂肪酸组分的研究进展 [J]. 大豆科学, 2005, 24(1):61 – 66.

[41] 刘雪娇. 黑龙江省主栽大豆脂肪酸指纹图谱的构建研究 [D]. 大庆:黑龙江八一农垦大学, 2017.

[42] 国家质量监督检验检疫总局,国家标准化管理委员会. 大豆油[S]. 北京:中国标准出版社, 2004.

[43] 国家食品药监督管理总局科技和标准司. 乳制品及特殊食品　食品安全国

家标准汇编［M］.北京：中国医药科技出版社，2017.

［44］ 胡叶碧，刘星，陈勤，等. 乙醇提取条件对大豆异黄酮组分得率的影响
［J］. 食品与机械，2009，25(5)：75 – 77，100.

［45］ 贾菲菲，王钢力，冯芳，等. 基于脂肪酸指纹图谱的我国羊肉产地溯源研
究［J］. 食品安全质量检测学报，2021，12(11)：4638 – 4646.

［46］ 窦心敬，贾明明，汪雪芳，等. 油料产品产地溯源技术研究进展［J］. 核农
学报，2020，34(S1)：129 – 136.

［47］ 申兆栋，黄冬梅，蔡友琼，等. 氨基酸与脂肪酸指纹分析技术在农产品产
地溯源中的应用研究［J］. 农产品质量与安全，2020(5)：80 – 85.

［48］ 张勇，李雪，汪雪芳，等. 基于脂肪酸组成的进口大豆鉴别技术研究［J］.
食品安全质量检测学报，2020,11(8)：2375 – 2379.

［49］ 刘振军. 食用油产品溯源查询系统的建立与应用研究［J］. 食品界，2018
(10)：63.

［50］ 卢锡纯. 基于脂肪酸含量的大豆产地溯源的研究［J］. 食品研究与开发，
2018，39(16)：55 – 59.

［51］ 程碧君，郭波莉，魏益民. 脂肪酸分析技术在食品产地溯源中的应用进展
［A］//第四届中国北京国际食品安全高峰论坛论文集［C］. 北京食品学
会，北京食品协会，2011.

［52］ 郭敏，卢恒谦，王顺合，等. 基于气相色谱 – 质谱联用技术的不同产地藜
麦中脂肪酸及小分子物质组成分析［J］. 食品科学，2019，40(8)：208 –212.

［53］ CRUZ V, ROMANO G, DIERIG D A . Effects of after – ripening and storage
regimens on seed – germination behavior of seven species of Physaria［J］. In-
dustrial Crops and Products, 2012, 35(1):185 – 191.

［54］ BAZIN J, LANGLADE A N, VINCOURT B P, et al. Targeted mRNA oxidation
regulates sunflower seed dormancy alleviation during dry after – ripening［J］.
Plant Cell, 2011, 23(6): 2196 – 2208.

［55］ 吴继洲. 天然药物化学［M］. 北京:高等教育出版社，2010.

［56］ 段传人,王伯初. 环境应力对植物次生代谢影响的研究［C］//中国生物医
学工程学会.第七届全国生物力学学术会议论文集.西安:《医用生物力学》
编辑委员会，2003;99 – 100.

［57］ 李菊艳，姚文秋，宫绍彬，等. 环境因素对大豆异黄酮的影响研究进展

[J]. 中国农学通报,2010,26(9):167－170.

[58] 李辉,戴常军,兰静,等. 黑龙江省栽培大豆异黄酮含量的初步分析[J]. 中国粮油学报,2007,22(1):38－40.

[59] 周艳,邹学敏,王维芬,等. 不同产地大豆与绿豆中异黄酮及矿物质含量的分析[J]. 微量元素与健康研究,2011,28(3):37－39.

[60] 刘文静. 基于大豆异黄酮特征的大豆产地溯源研究[D]. 大庆:黑龙江八一农垦大学,2018.

[61] 张玥,王朝辉,张亚婷,等.基于主成分分析和判别分析的大米产地溯源[J]. 中国粮油学报,2016,31(4):1－5.

[62] 白雪. 聚类分析中的相似性度量及其应用研究[D]. 北京:北京交通大学,2012.

[63] 鹿保鑫,马楠,王霞,等. 大豆有机成分辅助矿物元素指纹特征产地溯源[J]. 食品科学,2019,40(4):338－344.

[64] 孙振球. 医学统计学[M]. 北京:人民卫生出版社,2002.

[65] 中国标准出版社.中国国家标准汇编[S]. 北京:中国标准出版社,2012.

[66] 国家质量监督检验检疫总局,国家标准化管理委员会. 保健食品中大豆异黄酮的测定方法 高效液相色谱法:GB/T 23788—2009[S]. 北京:中国标准出版社,2009.

[67] 梁晓芳. 6 种大豆异黄酮单体的分离、纯化及稳定性研究[D]. 北京:中国农业科学院,2014.

[68] 张大勇. 大豆异黄酮含量的影响因素分析[D]. 沈阳:沈阳农业大学,2009.

[69] 袁枭,王炎鑫,宋绪政. Java 语言的特点与 C++语言的比较研究[J]. 科技创新与应用,2016,6(28):101.

[70] 陈峰,李鹤东,王亚棋,等. 化学计量学方法在食品分析中的应用[J]. 食品科学技术学报,2017,35(03):1－15.

[71] 郑立华,冀荣华,王敏娟,等. 农产品追溯统:编码方案设计与应用[J]. 农业机械学报,2019,50(S1):385－392.

[72] COZZOLINO D. An overview of the use of infrared spectroscopy and chemometrics in authenticity and traceability of cereals[J]. Food Research International,2014,60(6):262－265.

[73]　GIANNETTI V, MANNINO M B, MANNINO P, et al. Volatile fraction analysis by HS – SPME/GC – MS and chemometric modeling for traceability of apples cultivated in the Northeast Italy [J]. Food Control, 2017, 78: 215 –221.

[74]　DE R E, SCHOORL J C, CERLI C, et al. The use of δ^2H and δ^{18}O isotopic analyses combined with chemometrics as a traceability tool for the geographical origin of bell peppers [J]. Food Chemistry, 2016, 204: 122.

[75]　孙淑敏. 羊肉产地指纹图谱溯源技术研究 [D]. 杨凌: 西北农林科技大学, 2012.

[76]　夏立娅. 大米产地特征因子及溯源方法研究 [D]. 保定:河北大学, 2013.

[77]　刘洋, 罗瑞明, 东梅. 清真牛羊肉质量安全管理信息平台构建 [J]. 江苏农业科学, 2014, 42(9): 265 –267.

[78]　蒲应奂, 王应宽, 岳田利, 等. 苹果 – 苹果汁质量安全可追溯系统构建[J]. 农业工程学报, 2008, 24(S2): 289 –292.

[79]　彭博. 黑龙江省大豆溯源系统的研究与设计[D]. 哈尔滨:东北农业大学, 2012.

[80]　孙奥. 基于大数据的农产品质量安全溯源系统设计[D]. 成都:成都大学, 2021.

[81]　钱建平, 范蓓蕾, 李洁, 等. 支持分布环境的农产品协同追溯平台构建 [J]. 农业工程学报, 2017, 33(8): 259 –266.

[82]　解佩勋. 农产品质量安全溯源系统的设计与实现 [D]. 哈尔滨:东北农业大学, 2020.

[83]　陈文华. 基于 Java Web 的食品溯源系统的研究与设计[D]. 曲阜:曲阜师范大学, 2018.

[84]　郑叶剑. 食品溯源系统中的追溯单元标识技术研究 [D]. 武汉:华中科技大学, 2017.

[85]　方钰, 朱静波, 许学, 等. 基于地理位置解析的种子溯源双向动态交互模型及实现 [J]. 农业工程学报, 2017, 33(24): 207 –214.

[86]　LÓPEZ A M, PASCUAL E, SALINAS A M, et al. Design of a RFID based traceability system in a slaughterhause [M]. IOS Press: 2009.

[87]　LEE S B, YANG S B. A Study on improvement of food traceability system [J].

The Korean Journal of Food And Nutrition,2019,32(6)：1 –125.

[88]　GAO G D, XIAO K, CHEN M M. An intelligent IoT – based control and trace-ability system to forecast and maintain water quality in freshwater fish farms [J]. Computers and Electronics in Agriculture, 2019,166：105013.

[89]　王志铧，柳平增，宋成宝,等. 基于区块链的农产品柔性可信溯源系统研究 [J]. 计算机工程, 2020, 46(12)：313 –320.

[90]　陈飞，叶春明，陈涛. 基于区块链的食品溯源系统设计 [J]. 计算机工程与应用, 2021, 57(2)：60 –69.

[91]　汪家伟，饶元，常仲禹. 基于区块链的茶叶可信溯源系统的设计与实现 [J]. 黑龙江八一农垦大学学报, 2020, 32(2)：74 –81, 90.